Réflexions sur le transhumanisme

L'intersubjectivité et l'écosophie

Questions contemporaines

Collection dirigée par Jean-Paul Chagnollaud, Bruno Péquignot et Xavier Richet

Chômage, exclusion, globalisation… Jamais les « questions contemporaines » n'ont été aussi nombreuses et aussi complexes à appréhender. Le pari de la collection « Questions contemporaines » est d'offrir un espace de réflexion et de débat à tous ceux, chercheurs, militants ou praticiens, qui osent penser autrement, exprimer des idées neuves et ouvrir de nouvelles pistes à la réflexion collective.

Dernières parutions

Mokthar BEN BARKA, John CHANDLER et Daniel GREGORIO, *Rencontres religieuses : entre coexistence et cohabitation,* 2020.

Jean-Louis CHISS, *De la pédagogie du français à la didactique des langues*, 2020.

Antoine BAUDON, *Les enjeux du désengagement des jihadistes*, 2020.

Arno MÜNSTER, *Émancipation (de Marx à Marcuse)*, 2020.

Mohamad SALHAB, Jean-Claude BEAUNE et Odette BARBERO (dir.), *La technologie une et multiple, Réflexions libanaises et françaises,* 2020.

Philippe JOURDAIN, *Gilets jaunes, Mai 68*, 2020.

Michel ADAM, *Composer avec la nature. Renaturation et géocitoyenneté*, 2020.

Jacques BEAUCHARD, *Le peuple contre le peuple. Démocratie et Gilets jaunes*, 2020.

Pierre MORLANNE, *Pour en finir avec les religions*, 2020.

Louise FINES, *Enfants au travail : le paradoxe de la nécessité et du choix*, 2020.

Abdelbaki BELFAKIH, Abdelkader GONEGAÏ, Bruno PÉQUIGNOT (dir.), *Art, individu et société*, 2020.

Alain REDSLOB, *Évidences économiques d'hier et d'aujourd'hui. Pensées, innovations, mutations*, 2020.

Josué GUÉBO

Réflexions sur le transhumanisme

L'intersubjectivité et l'écosophie

L'Harmattan

5-7, rue de l'Ecole-Polytechnique, 75005 Paris

www.editions-harmattan.fr

ISBN : 978-2-343-20309-6
EAN : 9782343203096

Du même auteur

L'or n'a jamais été un métal, Vallesse, Abidjan, 2009 (Poésie)

D'un mâle quelconque, Apopsix, Paris, 2010 (Poésie)

Carnet de doute, Panafrika, Dakar, 2011 (Poésie)

Mon pays, ce soir, Panafrika, Dakar, 2011 (Poésie)

L'ombre du pont, Balafons, Abidjan, 2012 (Nouvelles)

Le père Noël aime l'Attiéké, Les Classiques Ivoiriens, Abidjan, 2013 (Jeunesse)

Songe à Lampedusa, Panafrika, Paris, 2014 (Poésie)

L'enfant qui disparaît est une lettre d'alphabet, Panafrika, Paris, 2015 (Poésie)

Dapidahoun, Chantiers d'espérances, Editions du Net, Paris, 2015 (Poésie)

Les sommeils des indépendances, L'Harmattan, Paris, 2015, (Chroniques)

Une histoire de l'objectivité, P.A.F., Saarbrücken, 2015 (Essai).

Aux chemins de Babo Naki, L'Harmattan, Paris, 2016, (Poésie)

Dictionnaire des mots et expressions du français ivoirien, L'Harmattan, Paris, 2016, (Dictionnaire)

Le blues des oranges, L.E.N., Suresnes, 2016 (Théâtre)

Le père Noel danse le Ziglibity, Eburnie, Abidjan, 2018 (Jeunesse)

Pourquoi l'homme, le chien et le chat parlent des langues différentes, Eburnie, Abidjan, 2018 (Jeunesse)

Destins de clandestins, Vallesse, Abidjan, 2018 (Récit Jeunesse)

Chroniques africaines et aphorismes, Dhart, Canada 2018 (Chroniques)

Chroniques ménéquéresques, L'Harmattan, Paris, 2019, (Chroniques)

Ô divin Zibody, L'Harmattan, Paris, 2019, (Poésie)

À Reine Poulain

Avant-propos

Du transhumanisme, de l'intersubjectivité et de l'écologie

Si la problématique d'un nouvel ordre économique semble avoir fait l'objet d'une visibilité conséquente, celle d'un nouvel ordre médical, bien qu'impliquant de profondes incidences ontologiques et éthiques paraît ne susciter qu'un questionnement de faible amplitude, du moins, du point de vue médiatique. Or, au regard d'une visée clairement affichée de redistribuer la carte de l'humain n'y a-t-il pas lieu, pour les traditions de pensée critique de réévaluer leur objet et leurs méthodes, au triple plan de l'ontologie, de l'éthique et de la pédagogie ? En instaurant – à coups de manipulations génétiques et d'hybridation – un nouveau rapport à la nature et à la mort, l'ordre médical induit de la techno-médecine ne recompose-t-il pas radicalement le paysage du réel ? Dès lors, quelles pistes importerait-il d'envisager pour l'enseignement de la philosophie, à l'heure de la cellule souche, de l'implant cérébral, et de la génothérapie ? Par ailleurs, quelle base substantielle partagent un humain (astreint aux limitations de sa constitution naturelle) et un autre délié de telles exigences ? L'homme augmenté, capable de mouvoir des objets matériels, par le pouvoir de sa seule pensée, est-il de la même nature qu'un autre confiné aux bornes de son être originel ? Par voie de conséquence, l'homme augmenté peut-il raisonnablement être soumis aux mêmes droits et devoirs que le sujet humain non technologiquement modifié ? Mais, à cet homme augmenté ne faudrait-il pas adjoindre, pour demain, « l'homme ressuscité », c'est-à-dire celui ayant subi avec succès, une opération de cryogénisation ?

Or, reléguée – dans un passé relativement récent – à l'enseigne des actes de croyance, la problématique d'une vie post-mortelle semble aujourd'hui passer de la sphère de l'espérance sotériologique à celle de l'expérience technologique. Mais pour aussi révolutionnaire que paraisse une telle variation, demeurent, toutefois, des questions essentielles. L'une d'elles semble remettre au goût du jour la critique naguère adressée par le vitalisme au matérialisme : réduire le vivant à ses composantes physico-chimiques. La querelle ayant opposé, en biologie, partisans d'un abord dualiste et ceux d'une approche moniste du vivant semble en effet refaire surface, avec l'invention du procédé de cryogénisation de l'humain. Mais, marquée en coin par le présupposé physicaliste résumant la vie à ses manifestations matérielles, la cryogénisation peut-elle ne pas être indexée comme relevant du réductionnisme ? Mieux, la dématérialisation progressive des supports de connaissance semble – implicitement – suggérer le triomphe de la thèse non-matérialiste, en supposant que l'homme, en tant qu'être de connaissance, ne pourrait être réduit à sa stricte matérialité.

Ainsi, restant une valeur absolue irréductible à sa seule dimension corporelle, l'homme, par sa raison reconnue universelle, entre en résonance avec ses semblables, par le fait de l'intersubjectivité. Et c'est pourquoi, dans la formation d'un discours scientifique dominé par la réflexion conjuguée, la parole du sujet, prise individuellement, peut être perçue comme une voix discordante que différentes traditions de pensée tentent de surmonter ou au moins de circonscrire. Cet effort se manifeste sur le mode de la « pacification », car l'opinion du sujet individuel – vue particulière en tension avec les lois d'une science prétendant à l'universel – impose à la science, une crise. La résolution de celle-ci réside dans l'éclipse progressive de la voix de la subjectivité et s'effectue par un double axe : la voie spéculative et la voie instrumentale. Si au plan théorique, elle s'opère principalement par la dialectique et par le doute, au plan instrumental, elle est manifeste dans le développement d'outils dont la nature impersonnelle porte le témoignage d'une volonté : l'éloignement du sujet pris dans sa marginalité. Une telle position n'exclut pas le fait qu'une vue originale, voire non-orthodoxe puisse l'emporter sur la perception majoritaire. Mais la science, telle qu'elle opère de nos jours, impose que le discours marginal soit adoubé d'un consensus minimal avant de se faire science, comme semble le défendre Kuhn. L'approche instrumentale, elle, se radicalise dans l'avènement de l'outil numérique qui consacre l'affaiblissement de la vue particulière par la conception d'un objet nouveau : « le sujet » standardisé : le robot.

Mais réduire la discordance attenante au discours du sujet individuel, c'est célébrer l'intersubjectivité comme le lieu, où se construisent à la fois l'ordre scientifique et la concorde sociale. Un tel choix de perception repose sur l'idée d'une assimilation – purement méthodologique – du sujet individuel, à la dissonance avec l'ordre intersubjectif. Le sujet, pris dans son individualité irréductible apparait ainsi comme fauteur de trouble à l'ordre conventionnel à l'image des pathologies malignes désorganisant l'ordre d'accroissement des tissus. Défendre ainsi l'idée d'une possibilité de parallélisme entre troubles malins et désordres sociaux ressortit à une tradition qui, de Comte à Bachelard, avait entrevu l'idée d'une similitude entre réalités biologiques et phénomènes de société. Mais, le rapport d'isomorphie perceptible entre ces diverses variantes du réel ne saurait s'opérer dans l'arbitraire. Sur un mode de déduction faisant appel aux données du raisonnement par analogie – telles qu'énoncées par Markman et Gentner – la démarche tire conséquence du traitement des troubles malins, comme indice d'éclairage de résorption des troubles sociaux. Cette proposition de démarche méthodologique s'effectue sur la base d'un réseau de similitudes entre carcinomes et désordres sociaux. Se déployant à l'unisson, dans une perspective d'évolution désordonnée, cancers et états sociaux anarchiques pourraient se trouver résorbés par des traitements symboliquement analogues. Situant dans l'option répressive infligée aux cellules cancéreuses, un mode opératoire susceptible de fécondité au plan social, il est nécessaire qu'au nom d'une éthique aux relents pragmatiques, le médecin et l'officier civil aient à l'esprit qu'il importe de traiter les corps physiques et sociaux, sans les altérer irrémédiablement.

C'est une telle éthique de la préservation qui doit se traduire dans l'assistance apportée aux sociétés en crise financière : traiter sans détruire, reformer, sans endommager.

En proie, en effet, à des crises financières sévères, plusieurs États dits du Tiers-monde ont été soumis à un train de mesures financières génériquement nommées plans d'ajustements structurels. Caractérisés par des impératifs d'adhésion aux normes du commerce international, lesdits plans, d'inspiration libérale, étaient marqués par une réduction de l'influence de l'État sur les économies nationales et l'ouverture de celles-ci au marché mondial. Or, en posant comme solution aux crises financières, un train d'actions de nature technique, les plans d'ajustement structurels, orientent implicitement la résorption de la crise vers la seule donne cognitive. Doit-on, cependant, aborder la résolution d'une crise économique dans la seule perspective technocratique ? Les crises financières ne sont-elles pas essentiellement la résultante d'une gestion déliée de probité ? Dès lors, ne s'impose-t-il pas d'instaurer, par-delà les plans d'ajustement structurels, des programmes dits d'ajustements axiologiques ? Ceux-ci, fondés sur la mise à contribution du système académique, comme lieu de réarmement moral des citoyens en gestation, permettraient structurellement de juguler des crises financières, restant fondamentalement d'origine ambivalente : technique et morale.

Enfin, notre réflexion sur les questions contemporaines nous conduit à interroger le sens de l'exploitation outrancière des ressources environnementales, laquelle a suscité une conscience écologique, dont la réflexion de Hans Jonas constitue un fleuron significatif. Interpellant les générations actuelles sur leurs devoirs envers les générations futures, une telle écosophie s'est énoncée sous les traits du principe responsabilité, dont l'instrument est l'heuristique de la peur, une démarche visant à alerter les consciences sur la grande ampleur de la menace environnementale. Or, en initiant une évaluation critique de la posture jonassienne, la présente réflexion milite en faveur d'une optimisation du principe responsabilité, par l'adoption d'une démarche à intensité égale de la ferveur consumériste plongeant l'environnement au cœur d'une destruction démesurée. Une telle démarche est ici présentée comme « la paroxystique de l'ardeur » qui se veut un moyen de défendre efficacement l'environnement à l'aide d'une passion mobilisatrice.

De même, Gilbert Hottois, parmi tant d'autres, en dresse un visage où perce l'exigence d'une éthique technoscientifique aux ressorts immanents. La philosophie élaborée par Gilbert Hottois sur la question technoscientifique pose le problème du fondement éthique du discours sur les technosciences. Si pour Hottois, ni les religions traditionnelles ni les idéologies politiques ne doivent structurer l'éthique des technosciences, le philosophe milite pour une posture laïque. Cette position nous a paru toutefois problématique en ce sens qu'elle semble fermée à un dialogue éthique de type pluraliste. Il nous a ainsi semblé nécessaire de mettre en perspective le discours des technosciences chez Hottois et l'« alter-rationalité », entendue comme lieu de pluralisation féconde de la pensée scientifique.

I. Transhumanisme

MORTALITÉ TRANSHUMANISTE ET RÉFORME DE LA PHILOSOPHIE

Nourries à l'idéal d'un dépassement de la finitude humaine, les technosciences se ramifient en procédés originaux dont l'une des plus expressives prend forme en la technomédecine. Par l'étude approfondie du génome, l'invention de machines de taille chromosomique et l'hybridation de l'humain à l'électronique, la médecine procédant des technosciences est en passe de déboucher sur l'avènement d'un être d'un genre nouveau, le transhumain, au sens de sujet hybridé ou ayant subi une manipulation du génome et défiant, à terme, la forme jugée la plus radicale de la finitude humaine : la mort. Or qu'implique, aux plans de la philosophie et de son enseignement, le renversement copernicien d'une mort éteinte à sa fatalité ? Si l'adjonction d'artefacts, telles que les prothèses dentaires ou autres objets traditionnels, ne modifiaient que très sommairement leurs usagers, l'augment bionique, l'hybridation à la machine ou la transformation scientifique du génome paraissent susceptibles d'induire un changement fondamental du sujet.

1. Du nouvel ordre médical à la représentation nouvelle de la mort

Sans doute faut-il noter que nous entendons par *« nouvel ordre médical »*, la pratique de la médecine telle qu'elle s'exerce par la convergence des nanotechnologies, de la biologie, de l'informatique et des sciences cognitives. Cette démarche de portée synergique met en œuvre des machines de l'échelle d'un nanomètre, c'est-à-dire, d'une grandeur cent mille fois plus petite que le diamètre d'un cheveu. Un tel rapport à la médecine est inédit tant par la taille des objets qu'il déploie que par le champ et la précision des surfaces sur lesquelles il opère. Si une vieille tradition de convergence lie la pratique de la médecine au champ de la biologie, à l'ère du nouvel ordre médical ce qui tient essentiellement pour être la biologie est de l'ordre de la génomique, c'est-à-dire d'une grandeur touchant au matériel génétique et donc s'exerçant à une échelle de l'ordre d'un milliardième de mètre. Or, plus qu'à la question de la taille d'exercice de la génomique, c'est à l'objet d'étude même de la techno-médecine qu'est perceptible le nouvel ordre médical. L'exercice synergique des nanotechnologies, de la biologie, de l'informatique et des sciences cognitives, en prenant pour cible la cellule, se propose d'attaquer les maux à la source, de débusquer à la racine l'une des causes les plus évidentes de l'étiolement radical du vivant : le vieillissement. Par une étude du cycle de croissance cellulaire, la génomique rend précisément accessible la lutte contre la défaillance progressive de l'armature biologique du vivant. Telle est la perception du techno-médecin, L. Alexandre (2011, p.57) lorsqu'il souligne que :

> *Les progrès dans la compréhension biologique du fonctionnement de notre organisme – notamment dans le domaine génomique – laissent entrevoir, pour la première fois dans notre histoire, la possibilité d'une lutte globale efficace contre les mécanismes du vieillissement. Après avoir observé et décrit ce processus de mort des cellules, la biologie devient capable d'arrêter le compte à rebours du vieillissement cellulaire, avec*

tout ce que cela implique sur l'apparition – ou plutôt la non-apparition – des maladies et la correction des inégalités du patrimoine génétique.

En réalité, une telle prise à partie des défaillances génomiques radicalise la tradition préventive telle qu'elle avait, des siècles plus tôt, été initiée par la démarche vaccinale incarnée par Edward Jenner ou Louis Pasteur. Or l'originalité de l'ère nanométrique réside dans le fait que la médecine opère désormais par des actions de modification, au moins sommaires, des gènes, tout comme par l'implant expérimental de nano-robots au niveau du système biologique. Un tel idéal vise implicitement à surmonter la finitude humaine, en mettant en échec les différentes faiblesses par lesquelles s'affaissait la structure du vivant. Alors que la vieillesse était perçue comme relevant de la fatalité, la combinaison des nanotechnologies, de la biologie, de l'informatique et des sciences cognitives entend à présent, repousser le plus loin possible, les limites de la dégénérescence cellulaire. Ainsi, aidé par l'implant de nano robots intégrés par millions dans son corps, le sujet devrait être informé en temps réel de troubles physiques divers. Ces micromachines sont appelées à établir des diagnostics et à s'attaquer directement aux pathologies, assurant au corps humain, une pleine santé en évacuant des artères les déchets cellulaires et détruisant microbes, virus, voire cellules cancéreuses. Mais plus que ces exploits, la technologie devrait permettre aux tétraplégiques de mouvoir des objets par la seule pensée. Optimiste quant aux prouesses futures, L. Alexandre (2011, p.31) annonce :

Avec les progrès de l'intelligence artificielle et de l'informatique, nous allons créer des interfaces cerveau-ordinateurs. Des versions primitives existent déjà : des capteurs implantés dans le cerveau de singes, par exemple, permettent à ces derniers de contrôler des robots par la pensée. Dans quelques décennies, nous pourrions être « assistés » par des puces intégrées dans notre cerveau ou interfacés via un casque muni de micro-électrodes. Nous serons aussi et surtout « connectés » aux bases de données universelles (Internet) ; et capables à terme de communiquer directement par la pensée d'humain à humain.

Un tel tableau, digne des productions de la science-fiction, ne va pas sans poser des questions à la rationalité philosophique, dans la mesure où il se donne comme un défi aussi bien à la finitude humaine, qu'à une certaine clôture traditionnelle de la définition du sujet. La notion d'être humain, sur la base de présupposés darwiniens, se voit bouleversée, relativisée comme le souligne F. Fukuyama (2002, p.269) lorsqu'il affirme :

Le problème posé par les sciences modernes de la nature va même plus loin. L'idée même qu'il existe une « essence humaine » a subi des attaques en règle de la part des sciences naturelles depuis 150 ans. L'une des assertions les plus fondamentales du darwinisme est que les espèces n'ont pas d'essence. Alors qu'Aristote croyait en l'éternité de l'espèce (ce que nous avons appelé le « comportement typique de l'espèce » est quelque chose d'invariant), la théorie de Darwin maintient que ce comportement se modifie en réaction de l'interaction de l'organisme avec son environnement. Ce qui est typique pour une espèce représente un instantané de celle-ci à un moment particulier de son évolution, différent de ce qu'il y avait avant et de ce qu'il y aura après. Comme le darwinisme soutient qu'il n'y a pas de théologie cosmique guidant le processus de l'évolution, ce qui paraît être l'essence d'une espèce est simplement le sous-produit accidentel d'un processus aléatoire d'évolution.

Ainsi, dans le droit fil des thèses darwinistes, les théoriciens de la technoscience ne cachent pas leur idéal de dépassement de l'approche traditionnelle et créationniste de l'humain. De là, la mise au jour d'une forme de transcendance reposant sur une solidarité immanente comme en énonce ici le profil G. Hottois (1997, p.17) lorsqu'il note qu'il s'agit de :

développer progressivement une solidarité mondiale par la focalisation de nouveaux symboles, qui sont des symboles de dépassement de la finitude humaine au moyen des technosciences. Ces symboles de transcendance ont ceci de particulier qu'ils ouvrent sur l'action, l'opération. La transcendance opératoire est dans le temps, immanente et dépendante de la volonté des hommes ; elle n'est pas la transcendance « verticale » purement symbolique, faite d'impuissance entretenue par l'acceptation sublimante de la condition humaine, typique de l'attitude religieuse traditionnelle.

Sous de tels accents à prétention volontariste s'affiche le refus de subir les pesanteurs existentielles perçues comme relevant de la fatalité. Et cette transgression d'un ordre jugé destinal trouve une matérialité par la réévaluation du rapport de la médecine à la vieillesse et partant à la mort ; laquelle semblait une évolution biologique inévitable, dans la mesure où le corps s'usant progressivement, la médecine ne pouvait tout au plus qu'en ralentir modestement la perspective pourtant inéluctable. Or plus que cette modeste perspective, le nouvel ordre médical assigne à la technomédecine une tâche plus significative : celle de colmater toutes les brèches par lesquelles se faufilait la mort, qui désormais est perçue, au plan médical, comme réversible, dans la mesure où :

La réanimation cardio-respiratoire dans les années 1960 a été une étape fondamentale puisqu'elle a démontré que la mort était réversible

(…)Cellules souches, implants électroniques et nanotechnologiques, géno-thérapie seront autant d'éléments mobilisés pour supprimer une à une toutes les brèches par lesquelles la mort s'insinue dans notre existence (L. Alexandre, pp.55-56)

Mais une telle perception de la mort ne s'oppose-t-elle pas à celle traditionnellement posée comme la forme achevée de la finitude humaine ? La mise entre parenthèses de la mort, voire son exclusion ne conduit-elle pas à une redéfinition de l'homme au sens où la mort semble une réalité endogène à l'existant, conformément à l'idée heideggérienne d'un être-pour-la-mort ? F. Dastur (2003, p.117) corrobore l'idée d'une « consubstantialité » de l'homme à la réalité de la mort lorsqu'elle souligne :

mourir n'est pas seulement une détermination extrinsèque de l'existence, un accident de la substance « homme », mais au contraire un attribut essentiel de celui-ci. Le rapport que l'être humain entretient avec le mourir est donc constitutif de son être même et premier par rapport à toutes ses autres déterminationn.

E. Morin (1970, p.274), pour sa part, radicalise l'idée de la présence de la mort en en faisant non pas seulement le terme inévitable de la vie, mais une réalité permanemment liée au vivant. Pour lui,

la vie serait différente du tout au tout si la mort ne l'accompagnait pas dès ses débuts, mais se présentait seulement à son terme.

Or, le sujet augmenté ne se refuse-t-il pas à la mort, précisément parce que le transhumain est finalement cet être ayant adjoint à sa corporalité, les outils technomédicaux, véritables « théories matérialisées » au sens où l'entend Bachelard (2013, p.16) ?

2. De l'humain augmenté à l'ontologie et à l'éthique réévaluées

Si l'idée d'une mutation, au moins morphologique, de l'humain provoque une certaine réticence et entraine des débats passionnés, force est de noter que l'homme, tel qu'il apparaît de nos jours, demeure, selon les données de l'anthropologie, le produit d'une succession de transformations pouvant être résumées en six étapes, tributaires chacune d'un niveau de développement du genre. L'Homo habilis, l'Homo ergaster, l'Homo erectus, l'Homo heidelbergensis, l'Homo sapiens, l'Homo floresiensis. Ces six espèces précéderont, selon les données de l'évolutionnisme, l'humain tel qu'il apparait de nos jours et se distingueront des espèces hominidés et homininés par une capacité crânienne plus forte supérieure à 600 cm3 que celle des australopithèques, une boîte crânienne plus arrondie, une réduction de l'appareil masticateur et de la face, de petites canines et une bipédie quasi exclusive.

Au plan génétique l'homme se distingue par son ADN fait de 23 paires de chromosomes et donc de quarante-six chromosomes contenant des gènes. Or des altérations de l'ADN peuvent survenir et provoquer l'activation de gènes, induisant une multiplication désordonnée des cellules. Ce qui entraine des tumeurs, qui peuvent à l'occasion être cancéreuses. L'on sait désormais que de nombreux facteurs sont susceptibles d'aggraver la fréquence de ces mutations. Devant les défaillances innées ou acquises (accident) pouvant survenir à l'intérieur de ce dispositif, la biotechnologie opte pour un système de défense marqué par la modification thérapeutique du génome ou l'ajout d'implants artificiels susceptibles de faire face aux défaillances naturellement ou accidentellement imposées au vivant.

De cette manière l'on obtient un homme modifié au regard des acquis biologiques naturels dont il est à l'origine porteur. La biotechnologie opte pour l'expression « humain augmenté » dont B. Claverie et B. Leblanc (2013, p.61) éclairent la compréhension comme suit :

> *Le terme « augmentation » désigne, lorsqu'il se réfère à l'homme ou à l'humain, un ensemble de procédures, méthodes ou moyens, chimiques ou technologiques, dont le but est de dépasser les capacités naturelles ou habituelles d'un sujet. Ce dépassement peut concerner le corps ou l'esprit, être plus ou moins durable, ou même venir modifier la lignée génétique. Il correspond au concept anglo-saxon de human enhancement, que l'on devrait traduire par un rehaussement de l'humain.*

On distingue les notions d'homme augmenté (qui s'applique à un individu particulier) et d'humain augmenté (qui porte sur la généralité de l'espèce, sur tous les individus ou sur une large part d'eux). Dans le premier cas, l'augmentation concerne les capacités ou aptitudes d'un individu impliqué dans une situation qui dépasse ses propres limites, et à qui la technologie et/ou la chimie permettent de compenser ce manque.

Or qu'elle soit superficielle ou radicale, une telle augmentation du sujet humain induit une transformation qui peut faire passer les sujets d'une différence de degré à une différence de nature. C'est ici que la notion de transhumanité vient marquer une rupture entre le sujet biologique et le sujet augmenté non sans induire une multiplicité de questions dont L. Alexandre (2011, p.34) livre la teneur :

L'homme transformé par l'hybridation avec la machine changera-t-il seulement de forme ou aussi de nature ? Avec l'avènement de l'intelligence artificielle, l'humain biologique gardera-t-il le contrôle de la vie sociale ? (…) Plus préoccupant, « l'humain-cyborg », l'humain « hybride » ultra-puissant de 2060 s'accommodera-t-il de l'humain biologique ? (…) des ordinateurs des millions de fois plus intelligents que nous ne seront-ils pas tentés de nous éliminer purement et simplement ?

Mais toutes ces questions angoissées se résument d'abord en une seule : qu'est-ce que l'homme à l'heure de la transhumanité ? L'humain est-il le sujet doué de raison ou l'objet bardé d'implants ou alors la synthèse issue de l'hybridation entre le sujet biologique et l'artefact électronique ? Près de cette question une autre se pose : Ne va-t-on pas vers une exacerbation de la question identitaire ? Pour J.M. Besnier (2012, p.11) l'humanité a déjà pris conscience de la nécessité d'intégrer les transhumains à son espace de vie et met en place une vision éthique portant désormais, non plus sur les seuls humains, mais s'ouvrant à une altérité pluralisée :

Il y a déjà longtemps, dit-il, que s'exprime l'exigence d'aménager notre existence quotidienne de sorte qu'elle soit compatible avec celle des êtres non humains qui nous environnent. Et on ne trouve déjà plus insensé aujourd'hui que, dans certaines sociétés ayant développé une haute technologie, des droits et des devoirs soient bientôt attribués aux robots. On admet que l'éthique déborde à présent l'espace humain et concerne le vivre-ensemble d'une humanité élargie.

Mais plus que la réévaluation de l'éthique, c'est à une recomposition de l'ontologie qu'ouvrent la techno-médecine et l'hybridation de l'Homme avec la machine. La mort comme marque radicale de la finitude humaine a donné lieu à un discours métaphysique dont les accents percent à la fois dans la métaphysique platonicienne et dans l'ontologie de Heidegger ou de Nietzsche. Or, la découverte des gènes, mais mieux, la maîtrise de leur manipulation, place l'homme au cœur de la problématique de l'immortalité, car le gène se révèle une pièce immortelle que se passent les hommes au fil des générations. Flamme de vie intemporelle au cœur du sujet temporaire, il est le noyau dur de la vie. La technoscience en le découvrant touche aux portes de l'immortalité jetant ainsi une vive lumière sur la question de la mort dont l'obscurité angoissante avait servi de ferment à la postulation d'une tradition d'ontologie faite de fatalité et de soumission à la nature. Pour C. Lafontaine (2008, p.107) :

> *Conjuguée à la biologie évolutive, la mystique du gène fait de ce dernier l'essence immortelle de la vie dont les individus ne sont que les véhicules temporaires. Occupant la place jadis réservée à l'âme dans le christianisme, les gènes sont perçus comme la source de l'immortalité terrestre, comme ce qui se réincarne une fois la vie corporelle achevée.*

Or, si avec Socrate le geste philosophique peut se résumer à une pédagogie de la mort au sensible, au sens où elle ouvre à la perspective de s'affranchir de la prison corporelle pour enfin contempler les essences éternelles, la mort est donc une opportunité de libération pour l'âme immortelle prisonnière du corps. Et puisqu'il en a conscience durant sa vie terrestre, le philosophe se met en souci de son âme, en se préparant à la mort. La philosophie devient ainsi un exercice à la mort, vécue comme une destination inéluctable. Heidegger, pour sa part, présente la mort dans une fatale et irréductible prégnance. L'Homme est un être-pour-la-mort et ne peut envisager sa destination que comme un départ irréversible vers cette marque radicale de la finitude. La mort, et le rituel qui l'entoure, apparaissent comme une marque distinctive de l'homme et de son histoire, de sorte que H-G. Gadamer (1998, p.p.72-73) peut affirmer que

> *L'expérience de la mort occupe dans l'histoire de l'humanité une position absolument centrale. On pourrait aller jusqu'à dire que c'est elle qui a introduit, dans cette histoire son devenir homme. Aux époques les plus reculées déjà, on déployait un faste infini en l'honneur des morts, dans les cérémonies, dans les ornements et l'art. Le profane s'étonnera toujours de voir que toutes les splendeurs de l'art que nous admirons sont en réalité des offrandes. Cette pratique confère à l'homme un statut unique, elle le distingue des autres êtres vivants au même titre que la possession du langage, à moins que ce ne soit même d'une manière plus originelle encore. Toujours est-il que les documents qui attestent d'un culte des morts dans la préhistoire sont bien antérieurs à ceux qui attestent de la transmission d'une langue humaine.*

C'est une telle prégnance de la mort que la technoscience, appliquée à la médecine, relativise, dès lors que l'homme, par la maîtrise du génome se donne les moyens de pousser le plus loin possible les frontières de la vie. La finitude – perçue comme matérialisée par l'impuissance du vivant devant la mort – laisse la place à la « technitude », posture à la fois scientifique et métaphysique par laquelle le vivant se soustrait au fatalisme devant ce qui paraît la toute-puissance de la mort. Technitude et finitude s'affrontent dans un procès ou la philosophie se trouve en devoir de réinterroger des acquis élevés au rang d'évidences. La réévaluation de l'ontologie et de l'éthique se noue autour de la réinvention du sensible. L'homme augmenté a-t-il le même rapport à la corporalité que le sensible platonicien ? Si la modification du génome ouvre la voie au transhumain, comment ne pas désapprendre la mort au sensible, au sens où elle relève moins, désormais, de la fatalité que de l'option ?

Mais comment comprendre les nouveaux ressorts de la mort sans amplifier le rapport des penseurs à l'analyse épistémologique ?

3. Pour une philosophie de l'urgence épistémologique

La philosophie telle qu'elle est enseignée aujourd'hui porte les marques du goût d'une spécialisation typique de l'époque postindustrielle. Dans les divers espaces académiques, l'enseignement de la démarche critique s'atomise en perspectives politique, morale, épistémologique ou métaphysique. Cette démarche demeure du reste conforme à l'ère du temps voulant que les domaines de connaissance s'éclatent en une infinité de particules, pulvérisés par une sorte de « bombe analytique » induisant la fragmentation du réel en pièces, isolées et encerclées par des observateurs faisant tâche exclusive ou au moins principale de les investiguer.

La découverte du génome et de la myriade d'informations susceptibles d'être recelées par une insignifiante particule de la matière conforte la nécessité pour l'homme d'aujourd'hui de se focaliser sur un champ distinctif du réel. À ce sujet, les travaux de séquençage de l'ADN permettent de nos jours de réaliser que la plus infime particule matérielle est susceptible d'être porteuse de la pluralité informationnelle la plus insoupçonnée.

Pourtant, parallèlement à l'atomisation apparente du champ des connaissances se profile un regain sans précédent de l'interdisciplinarité. Des sciences cognitives déjà composées des six disciplines que sont la philosophie, la linguistique, l'anthropologie, l'informatique, les neurosciences et la psychologie aux NBIC formées des nanotechnologies, de la biologie, de l'Informatique et des sciences cognitives, l'on assiste à un regroupement des compétences. Cette approche fusionnelle, obéissant au souci d'avoir un regard synoptique sur un réel à résonance plurielle, radicalise l'urgence pour le philosophe de renforcer sa compréhension des sciences. Or le regard que pose le philosophe sur la science s'appelle l'épistémologie au sens où elle interroge les différentes modalités du savoir et en note les lignes de démarcation. En discriminant entre sciences et pseudo science, elle rend possible un jugement sur la validité des connaissances. L'épistémologie opère sur la science, afin d'analyser la validité rationnelle à l'œuvre dans ce domaine. Mais, une activité de contrôle critique implique que le philosophe lui-même soit au fait des connaissances en présence. Or, les progrès génétiques, les nanotechnologies et l'explosion de la robotique sont à pied d'œuvre pour littéralement remodeler l'humanité et « *Les changements à venir vont dépasser en ampleur, en rapidité et en impact tout ce que l'Humanité a connu par le passé* » note L. Alexandre (2011, p.14).

Cette rapidité d'acquisition est due essentiellement à l'informatique qui vient décupler de manière exponentielle les capacités heuristiques des chercheurs. Les calculs qui nécessitaient un temps relativement long sont effectués de manière rapide, de sorte que la science engrange et emmagasine une somme énorme de connaissances, de plus en plus précises et variées. La philosophie ne peut rester en marge des manifestations déterminant l'être au monde. C'est à ce titre qu'elle devrait, elle aussi se numériser, en développant des logiciels strictement appliqués à l'interprétation des donnés de la science. Concrètement une série de logiciels devraient être réalisés et mis à jour suivant quatre paramètres interprétatifs de la philosophie : l'ontologie, l'éthique, l'épistémologie et la politique. Il n'est pas exclu que d'autres domaines classificatoires soient ajoutés, mais ces premières rubriques devraient être les premières, tentant de regrouper le flot d'informations diffusées par la science. Sur le modèle des moteurs de recherches tels que Google, Mozilla ou Explorer devrait être créés des moteurs de recherches spécifiques aux rapports entre la philosophie et la science. Par exemple, une notion scientifique telle que le nanorobot, dès qu'introduite dans l'un des moteurs qui pourrait se dénommer Epistemè, devrait générer toutes les références philosophiques – ouvrages, articles, débats et éléments multimédias – des plus actuels aux plus récents sur le thème. L'on pourrait affiner la recherche sur le moteur donné en spécifiant l'entrée « nanorobot, politique », ou « nanorobot épistémologie » ou encore « nanorobot, ontologie », etc. De la sorte, la communauté mondiale des philosophes pourrait être plus aux prises avec les réalités scientifiques du moment évoluant à une allure vertigineuse. Une veille épistémologique cybernétique et multilingue s'impose, afin que la révolution ultra-technologique ne soit pas une parousie par effraction.

À l'heure de la génomique, de l'hybridation et du nanorobot la philosophie doit renforcer son matériel épistémologique par une démultiplication de ses spécialistes en sciences. Mais l'urgence épistémologique doit aussi se traduire par la mise à contribution du maximum de philosophes à l'actualisation des moteurs de recherche multilingues exclusivement dédiés aux rapports entre la philosophie et la science. Sans une prise en main vigoureuse, et coordonnée, les communautés philosophiques seraient réduites à servir des discours d'arrière-garde, submergées par la rapidité et la densité de la tempête technoscientifique. Le plus bel exemple de travail communautaire vient de la communauté technoscientifique qui a sacralisé le travail synergique et tirant aujourd'hui les bénéfices de son élan solidaire.

4. Pour une pédagogie à méthode conjecturale

En affirmant que *« Demain la mort ne sera plus l'aboutissement naturel de toute vie. Elle deviendra une maladie comme une autre, bien qu'un peu plus complexe à éradiquer... ou un choix pour les suicidaires »*, L. Alexandre, (2011, p.38) indique qu'il se profile non seulement un temps de maîtrise du vieillissement, mais plus radicalement une ère de « défatalisation » de la mort. Passant ainsi de l'ordre de la certitude à la sphère de la probabilité, la mort telle qu'elle serait en passe de devenir ne pourrait plus demeurer fatale. Or, la science – au sens où elle s'est trouvée formulée à la suite de l'énonciation du principe d'incertitude de Heisenberg – imposait qu'elle fut perçue comme indéterministe, probabilitaire et statistique. Loin du triomphalisme vérificationniste, l'incertitude fut posée comme la marque décisive de sa démarche. Mais si les Lumières quantiques ont pu remodeler la représentation que l'on se faisait des sciences, la perspective d'une modification du génome humain n'en demeure pas moins un lieu de bouleversement du rapport à la représentation de la connaissance.

Mais le bouleversement qu'instaure le recul probable de la mort est sans commune mesure avec l'incertitude née de la découverte des quantas. La technomédecine en mettant en échec la mort viendrait renforcer l'architectonique de l'incertitude en assurant un regain de vitalité à l'approche conjecturale des réalités aussi bien scientifiques que philosophiques.

Il serait alors idéal que l'enseignement de la philosophie s'inspire de la méthode valorisée par Popper, laquelle met en exergue le jeu harmonieux des conjectures et des réfutations en restant ouverte, au sens où elle sacralise la discussion et tient pour stérile les systèmes jugeant définitifs les postulats qu'ils énoncent. Face à un réel fait d'incertitude, il importe de rejeter le déterminisme, afin de s'ouvrir en permanence à la fécondité critique.

C'est pourquoi K. Popper (2001, p.340) indique :

J'ai traité le déterminisme physique de cauchemar. C'est un cauchemar parce qu'il affirme que le monde entier, avec tout ce qu'il contient, est un gigantesque automate, et que nous ne sommes rien d'autre que des petits rouages, ou des sous-automates dans le meilleur des cas. Il détruit ainsi, en particulier, l'idée de créativité.

L'aptitude de penser le réel avec rigueur repose sur une démarche dialectique et libertaire et non sur la tendance somme toute commode de s'en remettre à l'idée d'une nature prédéfinie et rigide. C'est en posant l'activité critique comme une discipline ouverte qu'elle peut s'adapter au progrès des sciences, voire, réguler l'éthique technoscientifique. À l'opposé de l'orthodoxie conventionnaliste, la posture conjecturale – dont l'enseignement de la philosophie pourrait aujourd'hui plus que jamais s'inspirer – doit valoriser l'innovation audacieuse et se défier d'un conservatisme de mauvais aloi. C'est ce que note K. Popper lorsqu'il souligne que :

> *Mais l'édification d'une nouvelle structure, l'audace qui fait notre admiration, équivalent pour le conventionnaliste à la ruine totale de la science, selon l'expression de Dingler. Aux yeux du conventionnaliste un seul principe peut nous aider à choisir un système parmi tous les systèmes possibles. Nous devons choisir le système le plus simple, à savoir le système de définition implicite le plus simple. En pratique, cela signifie naturellement : le système « classique » du moment.*

L'enseignement de la philosophie pourrait alors aujourd'hui, plus qu'hier, s'inspirer de cette méthode empruntée au développement des sciences. En tant que lieu de dialectisation, la philosophie présuppose la discussion et donc une démarche contradictoire, avec ce qu'elle comporte de liberté, d'autodétermination et de capacité de novation. L'enseignement de la philosophie doit dès lors faire corps avec la discipline qu'elle dispense au sens où elle serait en devoir d'éveiller chez l'apprenant, non pas la contemplation béate, mais la contradiction constructive. Or plus que l'exigence d'un apprentissage du sens dialectique, l'enseignement de la philosophie doit fondamentalement se refonder sur la question de la vie.

En effet, dans un contexte où la mort n'est plus qu'une alternative, elle devient hypothétique, voire *probabilitaire* ; bref, elle n'est plus la fatale certitude dont l'affrontement serein fondait naguère l'héroïsme du dialecticien ou la prouesse du stoïcien. L'enseignement de la philosophie, en tant que discipline formant à une réflexion indéterministe entre en résonance avec la nouvelle conception de la science ; laquelle passe d'un indéterminisme de l'impuissance à un indéterminisme volontariste. Une pédagogie de la philosophie, tirant les conséquences d'un renouvellement du paysage existentiel pourrait redéfinir son rapport à une ontologie platonicienne faisant de la mort le lieu de la liberté. A contrario, dans l'ontologie transhumaine le corps serait vécu hors de toute servitude, car dépouillé de ses fers par les clés du nanorobot. Alors, ouvert sur l'extérieur par l'hybridation, la corporalité cesserait d'être entendue en termes de carcéralité, laissant éclore un horizon infini de possibles, nés de l'appropriation de la « constellation » génomique.

Mais quoique fascinante, la science pourrait-elle se soustraire à l'éthique ? De même, la pédagogie philosophique, dans un contexte de transhumanité ne gagnerait-elle pas à prendre ses distances avec les errements d'un éventuel relativisme absolu, tributaire de la démystification de la mort ? La mort, en effet, en entrant dans la catégorie de l'éventualité, dépouille une certaine exigence morale de ses attributs dissuasifs. La morale, dans un tel contexte, apparait ainsi comme un gendarme sans arme. Pour la philosophie, ce serait donc le lieu de former l'apprenant à une éthique de la responsabilité inclusive, c'est-à-dire une éthique pensant l'altérité au-delà des frontières du seul être vivant et dépouillé de l'idée de la mort pensée comme sceptre coercitif.

Conclusion

De même que l'interférence du sujet, en mécanique quantique, modifie les corpuscules – rendant impossible la détermination de leur mesure et de leur position – la modification du praticien, en génomique, instaure un champ d'incertitude tenant en la figure symbolique du transhumain. Au regard des bouleversements induits par l'avènement de l'humain dit augmenté et structuré de sorte à repousser au plus loin les contraintes liées à la finitude, un nouveau rapport à la sagesse s'impose. Ce contexte inédit fait sens tant du point de vue de la métaphysique, de la politique, de la pédagogie que de l'éthique. Invitée à interroger une longue parenthèse de soumission fataliste à la finitude, la philosophie se doit de revisiter le sens devenu commun d'une geste philosophique posée comme l'apprentissage de la mort au sensible. De même l'idée heideggérienne d'un sujet inévitablement dévolu à la mort mérite d'être mise en perspective avec celle d'une mort appelée à relever de la modeste option. À une heure où l'univers intellectuel semble s'écrire, plus que jamais, en langage génomique, la philosophie devrait renforcer son armature épistémologique, afin de demeurer la conscience critique susceptible de questionner les principes, l'agir, les méthodes et la pluralité du réel. Un tel devoir de veille ne pourra atteindre la plénitude de son efficience que par une réforme de l'enseignement de la philosophie, fondée sur la posture conjecturale et la création de moteurs de recherche opérant, en temps réel, la jonction entre actualité de la science et questionnement philosophique.

CRYOGÉNISATION : ÉCUEILS RÉDUCTIONNISTES D'UN IDÉAL POST-MORTEL

Lorsqu'il découvre, en 1704, le phénomène de reviviscence, le savant néerlandais Van Leeuwenhoek, ne le perçoit alors que chez les animaux de taille microscopique. Mais, l'histoire des sciences le montrera : le processus par lequel des êtres reprennent une activité métabolique normale, après avoir été desséchés – ou profondément altérés – ne concerne pas que les corpuscules. Qu'ils soient de nature végétale ou animale, certains organismes sont en effet pourvus de propriétés rendant possible leur survie à un état plus ou moins long de suspension de leurs fonctions vitales. Il en va ainsi des nématodes, rotifères ou tardigrades, mais aussi de végétaux, telles que les mousses, susceptibles de revenir à une activité métabolique initiale après un épisode de dessèchement.

Cette prouesse de la nature semble trouver un écho technologique dans le processus de cryogénisation, en lequel, au moyen d'une biostase, c'est-à-dire, d'une suspension réversible de la vie, les praticiens entendent rendre révocable la mort d'un sujet biologique. La cryogénisation pose ainsi la question de l'éventuelle réversibilité de la mort, et de fait, celle d'une maîtrise de la vie à partir d'une manipulation réussie du vivant. Engageant donc la problématique de la vie, dans le commerce exclusif d'une manipulation corporelle, l'idéal cryogénique semble faire écho au monisme physicaliste, qui avait tendance à réduire la vie à ses seules manifestations matérielles.

Or, peut-on résumer le vivant à ses seuls composés matériels ? N'y a-t-il pas lieu d'aborder la problématique de la vie dans une perspective duale, conforme en cela à la conception des vitalistes ? En cherchant à capter la vie, à partir de la seule maîtrise de la dimension somatique du sujet, la cryogénisation ne se ferait-elle pas réductionniste ? Comment résumer le sujet humain, être de connaissance, à la seule dimension corporelle, à l'heure où la dématérialisation des supports cognitifs semble faire droit à l'idée que l'immatériel reste une constante significative de toute quête conséquente du sens ?

1. Aux sources de la cryogénisation : histoire et méthode

Une histoire, même brève, de la cryogénisation pourrait se révéler lacunaire sans une référence à Robert Ettinger, auteur en 1962, de *« La Perspective de l'Immortalité »* un ouvrage, où mention est faite, pour la première fois, explicitement de la notion de *« cryogénisation »*. Cependant, la pratique désignée sous le concept tient d'une filiation plus ancienne, dans la mesure où, dès 1789, Martin van Marum réalise la liquéfaction de l'ammoniac par simple compression en tentant de vérifier la loi de Boyle-Mariotte. Dans la même veine, Michael Faraday réussit à liquéfier le chlore, tandis qu'en 1892, James Dewar résout le problème du stockage des gaz, en créant le premier cryostat, récipient thermiquement isolé permettant de maintenir, pour une durée limitée, des produits à basse température. Mais, la science fait un pas plus significatif vers la bio-cryogénisation, quand en 1908, Heike Kamerlingh Onnes liquéfie pour la première fois l'hélium, l'un des liquides précisément utilisés pour la cryogénisation en biologie, l'autre étant l'azote liquide permettant le gel des cellules du corps sans les altérer. Ces découvertes, par petites touches, permettent de déboucher sur le processus que l'on nomme la cryogénisation ou la cryogénie. Mais que doit-on précisément entendre par ce procédé scientifique ?

Si la cryogénie ramène à un ensemble de disciplines scientifiques et techniques partageant l'étude des basses températures, elle est plus précisément un processus technique portant sur l'étude d'objets soumis à des températures comprises entre -150° et -273° ; l'accès à de telles températures visant à évaporer très rapidement tous les liquides volatils. Mais comment se réalise matériellement cette opération ayant révolutionné la pratique scientifique, aussi bien dans le domaine de l'industrie alimentaire que celui de la médecine ?

Pour ce qui concerne la cryogénisation des corps, elle doit s'effectuer immédiatement après la survenue du décès. Le corps soumis à une température de O ° C, subit parallèlement une compression thoracique de sorte à drainer le sang vers le cerveau, de peur que s'y forme des caillots. Ensuite, sont ouvertes les veines afin de vider le corps de son sang et le remplacer par un antigel. La congélation s'effectue enfin à l'intérieur d'un engin cryogénique, le corps étant disposé, de manière renversée, c'est-à-dire, la tête en bas. C'est un tel processus que décrit Jean-Pierre Bayard (2007, p. 198) lorsqu'il souligne :

« Après la mort clinique, il faut agir dans l'espace de quinze secondes pour avoir une probabilité de survie : ainsi le corps, placé sous réanimation par massage cardiaque externe, est-il en même temps réfrigéré par les moyens de la cryogénisation ».

Les basses températures obtenues par l'effet de la cryogénisation ont l'effet d'inhiber l'activité enzymatique, agente de la dégradation cellulaire. Les bactéries et les microbes, de même, voient leurs opérations annihilées, dans la mesure où, à une température de – 45 ° C, les synthèses protéiques sont fortement réduites, de même que le transport des ions ou des nutriments. Toutefois, dans le processus de cryogénisation, l'on prend le soin de prévoir pour les molécules d'ADN une activité minimale, permettant aux cellules de survivre, les organismes ne devant leur long maintien en vie qu'au prix d'une activité cellulaire minimale.

Au sujet de l'efficience d'un tel procédé, les adeptes de la cryogénisation sont d'autant plus optimistes que des expériences de leur méthode ont déjà été réalisées avec succès sur des animaux. Un poisson a, en effet, connu une reviviscence après avoir été conservé dans de l'azote liquide. Cependant, les caractéristiques particulières du poisson ne doivent pas être dissimulées : à la différence, de l'homme, le poisson ayant fait l'objet d'une telle cryogénisation possédait des capacités antigel, c'est-à-dire, des aptitudes physiologiques assurant la fluidité de son sang et donc empêchant la formation de cristaux à l'intérieur de celui-ci. Mais à l'image du poisson soumis à expérimentation, d'autres espèces animales sont réputées aptes à s'adapter à un processus de cryogénisation. Tel est le cas de la tartigrade, ourson d'eau, capable de cryptobiose, c'est-à-dire, susceptible de se soumettre à un arrêt complet du métabolisme, sans pourtant être mort, au sens, biologique du terme. De même, l'on sait aujourd'hui que certains animaux, tels que la rainette crucifère, peuvent survivre à une congélation partielle ou entière, sans pourtant en mourir. À l'issue d'une cryptobiose, l'organisme reprend le fil de son activité normal, d'où l'idée de reviviscence.

Mais si une telle perspective paraît réalisable pour un certain nombre d'animaux, sa transposition à l'homme relève-t-elle nécessairement de l'évidence ? La cryogénisation peut, en effet, constituer des cristaux de glace à l'intérieur des vaisseaux et c'est pourquoi avant la mise en œuvre de ce processus, chez l'homme, ce dernier doit être vidé de son sang, qui sera remplacé dans ses artères par un antigel, l'azote liquide. De la sorte, les vaisseaux, les artères et le cœur ne subiraient pas les dommages liés à la formation de cristaux de glace dans le sang. Le processus de cryogénisation dont l'une des étapes est la vitrification, effectuée à la température de – 196 ° C, sera réalisable grâce à l'azote liquide qui, se solidifiant à cette température, protégera les organes, tandis que la reproduction cellulaire sera arrêtée.

Par ailleurs, les risques liés à une cryogénisation entière des corps pourraient avoir trouvé une certaine solution dans ce qui se nomme la neutrovitrification, une opération consistant à restreindre l'opération de cryogénisation à la tête et précisément au cerveau. La science actuelle estime, en l'état de ses connaissances, que le cerveau recèle dans sa structure, la mémoire, la personnalité et toutes les caractéristiques identitaires de l'individu. De sorte qu'ayant préservé cette centrale de la personnalité, elle puisse être transplantée sur un autre corps, à l'image de l'unité centrale d'un ordinateur qui serait joint à un autre écran, tout en demeurant fondamentalement la même machine.

Un réel optimisme semble animer les défenseurs de la cryogénisation qui estiment qu'au fil du temps des prouesses technologiques rendront possible une intensification de la performance des moyens de la cryogénisation. Les prouesses du numérique, croient-ils, devraient assurer une automatisation du réglage de la température en permettant d'annuler les risques liés à la formation de cristaux dans les cellules du cerveau. Cependant, bien que le processus de cryogénisation semble en voie de s'effectuer avec succès sur l'homme, il demeure, avant et après, tout une manipulation corporelle, ayant la prétention d'agir sur la totalité du vivant. En ambitionnant d'assurer la reviviscence du sujet humain, par une manipulation réussie de sa dimension somatique, le praticien de la cryogénisation ne semble-t-il pas ainsi réduire la vie aux seules composantes matérielles du vivant ? Le processus de cryogénie ne marque-t-il pas un retour en force de la posture matérialiste, que contesta une longue tradition de vitalisme en biologie ?

2. Du présupposé réductionniste de la cryogénisation

Suspendre le processus de thanatomorphose par des procédés technologiques semble tendre, en effet, à remettre en selle la querelle ayant naguère eu cours entre matérialistes et vitalistes. Le cœur de cette controverse s'articulait autour du fait que certains théoriciens postulaient une hétérogénéité radicale entre matière inerte et matière vivante, tandis que leurs adversaires prônaient l'absence d'une différence fondamentale entre matière les deux réalités. Le clivage entre les deux approches peut être rapporté aux origines de la philosophie naturelle qui se ramifie globalement entre tenants de l'aristotélisme et partisans de Leucippe et de Démocrite. Si pour les premiers, les différences observées entre corps inertes et corps vivants reflètent l'évidence d'une rupture radicale entre les deux entités, pour les partisans de Leucippe et de Démocrite – matérialistes – une telle diversité n'est fondamentalement qu'une différence de degré et non de nature. Là où, les partisans d'Aristote perçoivent une irréductibilité de l'écart entre corps vivants et corps inertes, ceux de Leucippe et de Démocrite jugent l'écart réductible, dans la mesure même où selon eux, il est possible, par isomorphie, de déduire des lois régissant le monde des corps inertes, celles à l'œuvre au sein des corps vivants. Telle semble la position d'Olivier Sartenaer (2013, p.37) lorsqu'il souligne :

> *Dès les premiers jours de la philosophie naturelle, deux écoles de pensée se sont opposées (…) Pour la première, que nous pouvons associer à l'aristotélisme au sens large, les différences que le naturaliste observe entre le comportement des corps vivants et des corps bruts constituent des différences irréductibles (…). Selon l'école opposée, située dans le sillage de Leucippe et Démocrite, les différences notables entre vivant et inerte sont au contraire réductibles. Il n'y a pas lieu dans cette optique de concevoir un ordre du vivant hétérogène à celui de l'inerte. Ces deux ordres ne font en réalité qu'un. Ils obéissent à une même logique, et le premier est intelligible sur base des principes régissant le second.*

Ainsi, le clivage entre aristotéliciens et partisans de Démocrite se commuera progressivement en l'opposition entre dualisme et monisme. Celle-ci opposera, quelques siècles plus tard, ceux qui comme Georg Stahl concevraient la vie comme une réalité extérieure à l'agrégat matériel constitutif du corps et les partisans d'une approche jugeant la vie attenante à la matière. Emblématique de l'approche vitaliste, le chimiste allemand Georg Stahl valorisera l'approche dualiste d'une interaction entre la matière et une extériorité incorporelle, en soutenant que ce qui conserve tout le corps et son mouvement est une chose tout à fait étrangère à l'essence et au caractère du corps. Cette chose est selon lui, analogue à l'essence de l'âme, c'est-à-dire incorporelle en soi, et capable d'agir sur le corps. Ainsi, prolongeant Stahl, Frédéric Thomas (2017, pp. 67-68) déduit :

> *Si le mouvement par lequel s'accomplit la vie ou la conservation du corps est une chose incorporelle, il lui faut une cause de même nature, également incorporelle. L'agent et l'acte étant indissociables s'il y a mouvement, il existe nécessairement une force motrice ; or il n'existe qu'une force de nature incorporelle : c'est l'âme.*

Or, loin des préoccupations visant à rechercher dans le vivant les marques d'une âme, le processus de cryogénisation semble implicitement postuler la vie comme déductible du fonctionnement harmonieux du corps. Le phénomène de reviviscence auquel devrait donner accès une opération réussie de cryogénisation ne laisse aucune place à un quelconque principe incorporel. Ou si une place lui est réservée, elle paraît être celle d'une entité dérivée, voire dépendante du corps ou plus précisément de son agencement harmonieux. La vie peut-elle être réduite à la matérialité du vivant ? La vie relevant de l'espérance cryogénique ne tend-elle pas à se confondre à la seule matière corporelle du vivant ? C'est cette disposition à minimiser le caractère incorporel de la vie que Yapi Ayenon (2015, p. 12) souligne lorsqu'il indique qu »

> *En polarisant son intérêt sur l'entité vivante, le biologiste moderne sait qu'il n'en pourra saisir que les caractères les plus concrets et les seules lois des manifestations observables de la vie. N'y perdra-t-il pas ainsi une grande partie des valeurs que l'on attache traditionnellement à ce qui en constitue l'originalité ou la spécificité : immatérialité, irréductibilité à la matière brute, intangibilité, sacralité ?*

En effet, le processus de mise en œuvre de la cryogénisation ne trahit-il pas les faiblesses de la logique réductionniste qui semble être au fondement de son idéal ? Bien que prétendant faire dériver la vie d'une manipulation réussie du corps, le projet cryogéniste ne trahit-il pas, par sa pratique même, l'idée que la cessation d'activité des fonctions dite vitales ne saurait nécessairement correspondre à la mort ? Comme le montre le cas d'animaux tels que la rainette ou le rotifère, il est possible d'observer une interruption de fonctions vitales – comme le battement du cœur – sans que pour autant il ne soit nécessairement question de mort. Dans le cas de certains animaux, cette cessation des fonctions vitales peut se prolonger. Ce que l'on nomme la biopsie est une interruption des fonctions vitales qui ne correspondrait pas à la mort. Pourrait-on donc valablement résumer la vie aux seuls facteurs corporels ? Ne serait-elle pas susceptible d'être tenue pour incorporelle et par conséquent irréductible au seul ordonnancement matériel du sujet biologique ?

3. De la cryogénie et de l'exigence anti-réductionniste

Parler d'antiréductionnisme suppose que l'on ait, au préalable, clairement défini ce que l'on entend par le réductionnisme en science. Si dans son acception la plus large, le réductionnisme ramène à la démarche selon laquelle une réalité théorique ou concrète peut être expliquée ou subsumée sous une autre, il faut admettre que cette notion prend une acception particulière ramenée à la biologie. Dans ce domaine spécifique, elle prend historiquement les formes d'une posture scientifique mécaniste ou matérialiste, consistant à considérer que tous les phénomènes, qu'ils soient chimiques, biologiques, voire psychologiques ou même linguistiques, culturels et sociologiques demeurent des phénomènes physiques et comme tels, soumis aux lois fondamentales de la physique. De fait, ramenée à la biologie, la posture réductionniste devient mécaniste et rencontre une interprétation antagoniste : le vitalisme. Ce que souligne Bernard Feltz (1995, p.10) lorsqu'il rappelle :

> *L'histoire de la biologie est marquée dès ses débuts par une opposition entre mécanistes et vitalistes. Le mécaniste veut constituer une science du vivant sur le modèle de la physique et veut donc appliquer les concepts et méthodes physico-chimiques au vivant. (…) D'autre part, le vitaliste pense que, pour rendre compte du vivant, il faut recourir à des concepts et méthodes spécifiques. En particulier, le concept de « force vitale » permet de rendre compte d'une spécificité du vivant, irréductibilité aux propriétés de ses composants physico-chimiques.*

De fait, la démarche réductionniste n'épuise pas le champ de l'interprétation biologique du vivant. Elle est remise en cause dans sa tendance à vouloir ramener la vie aux seules composantes matérielles dont s'anime le vivant. Or, le processus de cryogénisation semble se recevoir sous le jour de l'écueil réductionniste, dans la mesure où un tel procédé tend à inscrire la problématique de la vie dans la manipulation du vivant. Action reposant sur la dimension matérielle du sujet, la cryogénisation espère, au bout d'une manipulation réussie du corps, générer la vie. D'où la notion de reviviscence. Une telle démarche paraît réductionniste en raison de sa posture physicaliste. En effet, pour les physicalistes, tous les phénomènes existants peuvent être ramenés à la matérialité. Le physicalisme est ainsi un monisme au sens où en biologie, cette conception dénie au vivant sa forme duale : corps et esprit. Telle est la position défendue par Jérôme Dokic (p.37, 2000) lorsqu'il souligne :

> *Selon le physicalisme – une forme importante de monisme – tout ce qui existe est de nature physique (...) tout ce qui est empiriquement accessible dépend ontologiquement d'entités et de propriétés physiques. Le physicalisme est souvent assorti de la thèse selon laquelle toute explication de phénomènes réels est une explication causale entièrement spécifiable en termes physiques. Le physicalisme est une forme de naturalisme. Le naturalisme est la conception selon laquelle tous les traits du monde peuvent être entièrement décrits, en principe, par les sciences naturelles.*

Dans le droit fil de la posture physicaliste, le réductionnisme cryogéniste tend à résumer le vivant à sa seule dimension corporelle. Une telle posture se fait ainsi écueil, c'est-à-dire, approche lacunaire marquée ici par l'inaptitude à saisir la dimension incorporelle du vivant. Si la vie trouve sa manifestation dans le corps, peut-elle pour autant se résumer à la seule corporalité ? La vie n'est-elle pas à percevoir comme une réalité incorporelle animant la sphère somatique du vivant ? Par ailleurs, peut-on préjuger de la réussite de la cryogénisation humaine à l'aune de celle animale ? Il apparait qu'il pourrait être hasardeux de déduire de la cryogénisation des animaux, celles des hommes. Deux paramètres spécifiques à l'humain semblent, en effet, faire obstacle au réductionnisme physicaliste de la cryogénisation : la conscience et la connaissance. Réalités immatérielles et incorporelles, elles semblent indiquer que le corps ne saurait à lui seul rendre compte de la totalité du vivant. L'homme, en tant qu'être de conscience et de connaissance, est de fait un être d'une certaine incorporalité, que l'on ne pourrait résumer à la seule dimension physique qu'au terme d'une relative contorsion du réel. Pour les partisans d'une conception incorporelle du vivant, la cryogénisation serait une souffrance infligée à l'âme, voire une aberration. Telle semble être la position de Jeanne Morannier (1983, p.19) qui s'indigne :

> *La congélation, des corps est une énorme aberration terrestre (…). Ainsi que cette cryogénisation, qui obligera à retenir l'âme du congelé pendant cinquante ou cent ans, (…) alors qu'elle aurait beaucoup mieux à faire dans un autre corps ou simplement dans l'Invisible. Pourquoi s'accrocher ainsi à son véhicule terrestre qui ne doit être que passager ?*

D'un tel point de vue, l'on ne saurait réduire le vivant à sa seule dimension corporelle. Il importe dès lors d'élargir l'horizon de l'approche pour la faire passer de la seule sphère matérielle vers celle duale. Les sciences, pour les tenants d'une biologie non moniste, doivent tenir compte d'autres paramètres du vivant que ceux offerts aux organes sensoriels du praticien. L'homme ne s'épuise pas dans sa dimension somatique et le processus de cryogénisation ne peut tenir pour dérisoire ou pour insignifiant le champ de l'immatériel, constitutif du vivant, au moins à titre égal, de ses fonctions biologiques. Mais plus que cet argument de portée métaphysique, fondant la dualité du vivant sur un ancrage dans l'Invisible, ne doit-on pas tirer leçon de la dématérialisation progressive des supports de connaissance, comme expression possible du primat de l'immatériel chez l'homme, être de conscience et de connaissance ?

4. Objections au réductionnisme cryogéniste : dématérialisation et réviviscence

En l'état actuel des connaissances scientifiques, il semble que le vivant, au sens biologique, ne puisse être envisagé de manière désincarnée, c'est-à-dire, hors de tout support matériel. La traditionnelle superposition de la vie et de la matière a ainsi pu donner naissance à l'idée selon laquelle la vie serait non pas distincte du corps, mais seulement un continuum de celui-ci. Contre ce réductionnisme de portée physicaliste et moniste a prévalu la thèse dualiste et vitaliste défendant la double réalité d'une vie distincte du corps et d'une réalité vitale irréductible à ses seules manifestations physico-chimiques.

Par ailleurs, la cryogénisation peut-elle être réellement considérée comme un processus de reviviscence ? Les personnes sur lesquelles elle s'exerce sont-elles mortes ? Toute cessation d'activité des fonctions vitales correspond-elle nécessairement à la mort ? Il semblerait à l'observation que la mort serait un processus s'installant à mesure inverse du phénomène incorporel, facteur de mouvement, que l'on dénomme la vie. De même que la vie pourrait être évaluée en termes d'intensité d'énergie impulsée au corps, il paraît possible de poser la mort, non pas nécessairement comme un fait abrupt et discontinu, mais comme une réalité progressive et donc déclinable en phases successives. Cette *séquentialité* de la mort pourrait justifier l'urgence d'une prise en charge des corps à soumettre à cryogénisation. En effet, tous les corps ne paraissent pas éligibles à la régénération par cryogénie. Quelle est alors la caractéristique des corps susceptibles de subir une cryogénisation fructueuse ? Il semble que ce soient des entités physiques fraîchement entrées dans un processus de cessation observable de la vie et dont les composantes cellulaires porteraient encore des marques résiduelles ou indicielles caractéristiques d'un être animé. Hélène Popu (2005, p. 1776) semble conforter une telle position en définissant la cryogénisation comme un terme *employé pour la première fois par Robert Ettinger, professeur américain qui suggéra que l'on place en état de suspension biologique, par hypothermie profonde, une personne dont le cœur venait de s'arrêter. L'objectif de la technique étant de réanimer le corps, après l'avoir maintenu en état d'animation suspendue à basse température directement après la mort clinique et ainsi empêcher toute dégradation cellulaire.*

Le processus de cryogénisation semble donc ne devoir s'opérer qu'en une espèce de temps interstitiel – entre crépuscule de la vie et aube de la mort – où le corps du sujet reste encore nettement distinct d'un objet du monde inanimé. De ce point de vue, la cryogénisation reste un effort de suspension d'un certain entre-deux, duquel, par une forme de prise à rebours du fil des circonstances, le praticien entend rendre ultérieurement au corps la totalité des fonctions vitales perdues sous le coup des incapacités scientifiques du moment.

Dans une telle optique, peut-on valablement qualifier les personnes éligibles à la cryogénisation de mortes au sens où la mort serait cessation irréversible de la vie ? Une mort susceptible de réversibilité serait-elle encore une mort ? Les personnes soumises à cryogénisation ne sont-elles pas en réalité soumises à une vitrification artificielle, réplique technologique d'un processus naturel observable au niveau de certaines espèces animales ? L'expérience subie par les rainettes est, à ce sujet, élogieuse, au sens où la suspension des fonctions vitales ne coïncide pas nécessairement chez elles avec la mort. À l'opposé, il semble possible que la mort puisse s'installer, bien que toutes les composantes physiques soient empiriquement fonctionnelles. D'où la possibilité du transfert d'organes d'une personne décédée vers une personne vivante. Or, si la mort semble la marque indicielle du retrait de toute force d'auto-animation d'une matière animée, le cœur de la cryogénisation reste, par contre, la biostase. Et cette dernière notion signifie précisément « la suspension de la vie ». Or, pour suspendre la vie, il semble bien nécessaire qu'elle ait encore cours, a minima, au moins.

En effet, au moment où le praticien entre en jeu, il a conscience d'agir dans l'urgence. Qu'est-ce qui justifierait alors que le *cryogéniste* soit astreint à la vitesse, dans la réalisation de son projet ? Ne serait-ce pas précisément parce que le corps à cryogéniser porterait encore le sceau d'une certaine animation qu'il appartiendrait au praticien de maintenir en éveil, afin de les amplifier, de sorte à aboutir à la réanimation complète du sujet, le moment venu ? Dans une telle logique, la notion de cryogénisation cadrerait mal avec la notion de reviviscence à laquelle l'on l'assimile traditionnellement. Il semble bien que le sujet éligible à la cryogénisation doive nécessairement posséder, au moment de la biostase, c'est-à-dire de la « suspension de la vie », une once de vie. Sans celle-ci tout espoir de retour complet à la vie, par cryogénisation, resterait voué à l'échec, en l'état actuel des connaissances scientifiques.

Ainsi, loin de conforter l'idée physicaliste d'une reviviscence par manipulation réussie du seul corps, le processus de cryogénisation, pourrait plutôt souligner le caractère incorporel de la vie, fondamentalement irréductible aux limites de la matérialité corporelle. En réalité, la cryogénisation ne semble pas avoir la capacité de ramener ou créer la vie, comme aurait pu donner à penser □ a notion de reviviscence. Elle ne ferait, de fait, que tenter d'amplifier une force incorporelle et naturelle dont elle devrait se garder de perdre la trace, au risque de rendre stérile, sa démarche artificielle d'amplification de la vie.

Conclusion

En n'intervenant que sur les corps de personnes fraichement décédées, le praticien de la cryogénie avouerait implicitement son incapacité à rendre la mort irréversible. Il y aurait donc un seuil d'irrévocabilité contre lequel buteraient les espérances du scientifique. L'idéal cryogéniste, à terme, dresserait ainsi implicitement, la typologie d'une mort à double phasage : la mort à durée déterminée et celle à durée indéterminée. Mais cet aveu porterait plus fondamentalement, la marque de l'irréductibilité de la vie aux composantes matérielles du vivant. Remettant en selle la querelle entre vitalistes et matérialistes, la réflexion sur le sens épistémologique de la cryogénisation semble ainsi indiquer que la cryogénisation entend opérer une reviviscence du sujet à partir des seules données matérielles. Or, en prétendant « redonner la vie » à des sujets soumis à biopsie artificielle, à partir d'une manipulation technique de leurs corps, le *cryogéniste* tend à conforter l'idée physicaliste d'une réduction de la vie à la corporalité. Mais l'analyse du déroulé de l'acte de cryogénisation met au jour le fait que la vie reste incorporelle et immatérielle, dans la mesure où certains corps demeurent inéligibles à la cryogénisation, en raison du fait que ceux-ci en seraient pratiquement réduits à la matière inerte. Un tel constat, semble révélateur d'un fait essentiel : du corps seul, ne saurait être générée la vie ; cette dernière apparaissant comme incorporelle et hétérogène de la dimension matérielle du sujet.

II. Intersubjectivité

ÉCLIPSE DU SUJET INDIVIDUEL ET PACIFICATION OBJECTIVISTE[1]

L'histoire des sciences peut être analysée comme un long processus de paix par lequel les théoriciens travaillent à réduire la discorde que leur impose le sujet individuel. Élément dissonant au cœur de la science, le sujet individuel émerge tel un écueil que Platon tente de résorber par la réflexion dialoguée et Descartes, par le

---

[1] La pacification objectiviste doit être entendue comme la démarche consistant à réduire au mieux la marge d'impact du sujet individuel sur la science. Une telle posture part du présupposé selon lequel le sujet, pris dans son individualité, est pourvoyeur de discorde dans la mesure où la maxime de ses actions ne peut être élevée au rang de postulat universel. Usager solitaire du champ cognitif, le sujet particulier est nécessairement frappé de limitations réduisant son champ de vision et par là, émiettant son aptitude à théoriser pour l'universel. Mais cette faiblesse du sujet individuel ne fonde pas à elle seule son statut dissonant. C'est dans l'éclatement des vues non harmonisées que naît la discorde subjectiviste. Elle émerge et se radicalise par le caractère fatalement particulariste, voire intimiste de ses postulats. Le platonisme oppose à ses insuffisances la dialectique. Une autre variante de cette pacification objectiviste fait sens dans la quête d'un langage unitaire tel qu'envisagé par les tenants du positivisme logique. La langue naturelle comme langage non universellement convenu prédispose le champ de la connaissance à d'interminables querelles. Pacifier un tel espace passe par l'élaboration d'un langage qui porte le moins possible la marque du sujet individuel. Aboutir à une langue universelle c'est s'éloigner le plus possible du champ de la parole particularisée. Mais c'est aussi et surtout atteindre le champ de l'objectivité par l'intersubjectivité et donc par une mise en sourdine du sujet individuel. Et s'il est clair que la démarche des positivistes n'est pas a priori d'essence éthique, elle use, à titre instrumental, d'une méthode visant l'apaisement de divergences attenantes à une illisibilité réciproque de sujets pris dans leur insularité.

doute méthodique. Avec Comte et Kuhn le processus de pacification s'opère par la célébration de l'intersubjectivité comme voie de résolution de la dissonance subjectiviste. Mais, parallèlement à la démarche spéculative – incarnée ici par Platon, Descartes, Popper, Kuhn et Feyerabend – existe une autre modalité de pacification de la scène des sciences : la voie instrumentale. Des automates de l'époque antique aux outils d'observations de la période classique, s'amorce une autre prise de distance, par rapport au sujet individuel. Mais un tel confinement de la subjectivité trouve des accents radicaux dans l'avènement de l'intelligence artificielle. Son émergence marque l'avènement d'un sujet générique entendu comme le lieu d'expression du sujet en ce qu'il a de commun avec l'altérité, par une mise en sourdine de sa figure particulière. Le sujet générique est ainsi le sujet tel que posé dans son caractère impersonnel ; et donc incapable de discorde avec la science. À la vérité l'intervention du sujet individuel se révèle sous un jour antithétique à la parole assurée. Mise en cause dans la critique platonicienne de la parole doxique, tenue pour obscurantiste à l'échelle comtienne, une telle parole se fait pomme de discorde dont l'éviction – ou au moins la mise entre parenthèses – ramène l'activité de la science à une symbolique de la pacification[2].

[2] La notion de pacification est entendue ici, non pas au sens de clôture de l'échange conjectural, mais comme produit de convergence né d'une dissolution accrue de l'interférence du sujet individuel dans les phénomènes observés. Si la subjectivité marque fatalement le champ de la science d'une pluralité de vues irréductibles, nous parlons de pacification par référence à la marge d'accord potentiellement acquise dès lors que les vues strictement individuelles sont défaites, confrontées à la face unitaire de l'accord intersubjectif.

Celle-ci se déroule sur un mode objectiviste[3]. Mais une telle réduction de la parole particulière se révèle de nature modérée, avant l'avènement de l'intelligence artificielle qui, elle, s'affirme comme lieu de manifestation d'une activité intellectuelle « désincarnée », c'est-à-dire vivant dans l'autarcie[4] par rapport au sujet individuel. Comment l'historique de la mise entre parenthèses du sujet insulaire[5], se donne-t-il comme schème de pacification, dont l'accès au numérique constitue un stade capital ?

1. Le sujet individuel comme pomme de discorde : objectivisme idéalisé et phénoménisme positiviste

Que l'épopée de la connaissance puisse être résumé dans l'économie de l'antagonisme entre discours objectif et parole subjective, tient essentiellement du cadre parménidien ayant éclaté le champ du réel connaissable selon l'ordre binaire discours de l'être/discours du non-être. Réflexion dialoguée et parole doxique chez Platon feront écho à cette césure inaugurale qui trouvera pareillement en la fracture comtienne d'une connaissance assurée et d'un savoir sujet à caution, lieu de perpétuation. L'objectivisme idéalisé prôné par Platon inscrit la quête d'une connaissance assurée dans la dissolution des

---

[3] La pacification ici abordée opte pour l'objectivité comme voie d'émergence.

[4]L'intelligence artificielle implique l'idée de la mise en circuit du contenu informatif, hors du système nerveux central, censé être, en l'état actuel des connaissances humaines, le siège de l'activité cognitive. Le corollaire d'une telle démarche reste la corroboration tacite de l'idée d'une « connaissance sans sujet connaissant », au sens où le sujet individuel se voit dépossédé du monopole de la gestion de l'activité cognitive.

[5] Nous entendons par sujet insulaire, le sujet individuel, c'est-à-dire le sujet au sens où sa parole n'est pas confrontée à la dialectique d'un échange intersubjectif.

pesanteurs inhérentes au sujet individuel. Le corps, périphrase d'une individualité contre-productive se doit d'être dépassé si le sujet entend contempler les merveilles de l'intelligible. La maïeutique socratique devient ainsi l'effort effectué en vue de libérer l'esprit de sa gangue subjectiviste.

Au moins deux éléments métaphoriques rendent compte chez Platon de la nécessité de sortir du particularisme individuel et subjectif : la caverne et le corps. Un fil d'Ariane parcourt l'horizon de ces symboles les ramenant à l'aune d'une table commune : la prison. Le prisonnier de la caverne platonicienne ne peut contempler le divin Bien, car portant les chaînes de l'espace carcéral schématiquement représenté par la caverne. L'endroit devient ici le lieu du particulier, de l'émiettement, de la fragmentation, qui ne peut prétendre à la totalité de l'universalité caractéristique des essences éternelles. En tant que métaphore du sujet individuel, la caverne s'oppose à l'espace infini d'une extériorité habitée du feu du réel et du soleil de la clarté objectiviste. Le corps lui-même, autre métaphore du sujet individuel, est marqué du sceau d'un particularisme appauvrissant. C'est donc de bon ton que Platon invite l'homme en quête de connaissance à s'affranchir des fers de la prison somatique.

La vision dépréciative d'un sujet individuel tenu pour inapte à la saisie du savoir fiable trouve, à la suite de l'objectivisme idéalisé, un autre repère : le phénoménisme positiviste[6]. Le champ réflexif procédant de positivisme

---

[6] La démarche comtienne est dite phénoméniste car, tournant le dos à toute explication de type essentialiste, elle ne s'intéresse qu' « *à l'inaccessible détermination des causes proprement dites, la simple recherche des lois,*

comtien – parce que vérificationniste – privilégiera l'émergence d'un sujet collectif au détriment du sujet vécu dans sa stricte individualité. À cette échelle phénoméniste, la notion d'intersubjectivité, mais plus fondamentalement celle d'Humanité, se trouvera investie d'un coefficient de centralité. Mais plus qu'en cette valorisation de la collectivité, c'est dans le refus de ce que Comte nomme des « débats interminables » que s'affirme la geste pacificatrice du phénoménisme positiviste. Elle marque l'avènement d'un positivisme proposant une démarche objectiviste « *au lieu de ces doutes indéfinis et de ces débats interminables que devait susciter l'antique régime mental*[7] ». Pour Comte, si la connaissance peut porter une certaine empreinte du sujet individuel, elle ne peut s'élever au rang de connaissance positive que confrontée au verdict du sujet collectif. Dès lors, *si nos conceptions quelconques doivent être considérées elles-mêmes comme autant de phénomènes humains, de tels phénomènes ne sont pas simplement individuels, mais aussi et surtout sociaux, puisqu'ils résultent, en effet, d'une évolution collective*[8].

Nait alors une action combinée entre l'activité de sujet individuel et les facteurs externes, lesquels peuvent être, dans la perspective du phénoménisme positiviste, des facteurs sociaux.

Mais c'est plus nettement, dans la démarche du positivisme logique que s'affirme la geste pacificatrice prenant l'intersubjectivité comme socle. La langue conventionnelle à laquelle aspirent les tenants du positivisme logique se veut celle d'un sujet intersubjectif,

---

c'est-à-dire des relations constantes qui existent entre les phénomènes observés ». Auguste Comte, *Discours sur l'esprit positif*, Paris Vrin, 1995, p. 66.

[7] Auguste Comte, *Discours sur l'esprit positif*, Paris, Vrin, 1995, P.121.

[8] Ibidem, P. 69.

celle d'un sujet justement affranchi des pesanteurs de son individualité. Même si la démarche positiviste est à cet égard strictement habitée d'une visée instrumentale – celle de dépassement d'une pluralité de référents par lesquels se rend improductive la science – l'élan n'en est pas moins révélateur des limites du sujet individuel[9]. Ainsi, de Platon à Comte demeurera l'idée d'une connaissance impliquant l'exigence de dissolution des pesanteurs inhérentes au sujet individuel.

Au problème posé par l'interférence du sujet individuel, la science proposera deux traditions de résolution.

2. Tentatives de dissolution de la querelle subjectiviste.

La réduction de la pesanteur subjectiviste s'instaure en sciences suivants deux rameaux complémentaires. L'une, de nature spéculative, passe de la relativisation du sujet individuel à la célébration du sujet intersubjectif et l'autre, de nature instrumentale, évolue du sujet organismique à l'élaboration d'outils de perceptions de plus en plus élaborés. Ces deux ramifications d'une tentative de résorption de la discorde subjectiviste sont caractéristiques d'un aveu d'incomplétude du sujet individuel et symptomatique de sa posture dissonante.

[9]La même quête de dépassement des errances du sujet individuel habite la posture poppérienne d'une vérification intersubjective des énoncés d'observation. Le faillibilisme poppérien ne lit pas l'activité scientifique comme une démarche solitaire. Popper, au détour de sa théorie des Trois mondes, énonce l'idée d'une interaction entre le sujet individuel et le monde extérieur.

a. Tentatives spéculatives : Kuhn et Feyerabend

Dans son œuvre « La structure des révolutions scientifiques »[10], Thomas Kuhn met en avant l'intérêt de la communauté des chercheurs. Ce qu'il nomme la « science normale », c'est-à-dire la phase dans laquelle les chercheurs s'accordent autour d'un paradigme, s'oppose à un autre moment : la science révolutionnaire. Le passage qui mène l'assemblée des chercheurs de la phase révolutionnaire à la phase normale peut être lu comme une démarche pacificatrice, car il procède d'une mise en accord des praticiens autour d'un paradigme. Dans le contexte de la science révolutionnaire, les chercheurs sont en désaccord. S'impose alors l'émergence d'une théorie à même de réaliser la jonction des praticiens par l'absorption de leur divergence et la résorption d'une crise mettant le champ de la science dans l'éclatement et l'affrontement théorique. Parallèlement à cette liquidation objectiviste de la divergence, se joue aussi le destin d'une autre voie de pacification, celle initiée par Paul Feyerabend.

L'auteur de « Contre la méthode »[11] tente d'apporter une solution pacificatrice reposant sur la liquidation des diverses méthodologies. Sa solution qui tient en un essai de dissolution de la ligne de front entre savoir scientifique et connaissance irrationnelle prône l'égalité de toutes les traditions de pensée et nie le primât de l'ordre rationnel sur les autres ordres de pensée. Ce faisant, Feyerabend conteste le droit que la pensée

---

[10] Cette œuvre de Thomas Kuhn parue en 1962 analyse la science comme fait de société.

[11] Publié en 1975, ce livre de Paul Feyerabend développe la théorie de l'anarchisme épistémologique qui repose sur une critique de l'orthodoxie scientifique.

rationnelle aurait de peser le champ existentiel à l'aune de ses seuls exigences et principes. La démarche de Feyerabend tente ainsi de niveler tous les savoirs à l'horizon d'une égalité universelle, rompant de fait les ressorts d'éventuelles velléités de totalitarisme. Sa démarche constitue une opposition implicite au règne du sujet individuel, car marquée par la volonté de « démocratiser » l'espace scientifique par la dissolution des figures régnantes, la relativisation de tous les absolus et l'ouverture du champ de la connaissance à tout et à tous, suivant sa formule générique « tout est bon ».

En marge de ces démarches, de type spéculatif, s'instaure une autre tradition d'évacuation de la discorde inhérente au sujet individuel, celle instrumentale.

b. Tentatives instrumentales

Le second effort de réduction de la donne subjectiviste en science a trait au développement instrumental. Dès le XVIe siècle se forme une pleine conscience de la nécessité d'élaboration d'objets ayant mission de prolonger le bras de la science[1] dans son effort effort vérificationniste. Si l'armature sensorielle du sujet humain l'expose à un malin génie, il lui faut surmonter les déficits et limitations liés à sa finitude observationnelle. Naitront ainsi au sein des diverses variantes de l'espace scientifique un nombre impressionnant d'objets, dont le cadran astronomique, l'astrolabe et des instruments à

[1] L'usage d'instruments scientifiques ne naît pas au XVIe siècle. L'on assiste à un regain de vitalité de la pratique, bien qu'il faille la faire remonter au moins à Hipparque (IIè siècle avant Jésus-Christ) ou à Toloméo (150 ans après Jésus-Christ) auxquels l'on peut rattacher l'avènement de l'anneau équinoxial et le cadran mural qui feront date jusqu'à l'époque de la Renaissance.

dessin. Tycho Brahé[1] et Francis Bacon[2] qui constituent deux figures centrales de cette période de floraison instrumentale sont convaincus que la science ne pourra réellement surmonter ses pesanteurs subjectivistes qu'en se dotant d'objets capables de mesurer le réel et donc de trancher les querelles autour des objets observés.

Le XVIIe siècle qui est celui de Blaise Pascal[3] sera marqué par une inventivité instrumentale accrue. Émergeront ainsi, le télescope[4] et le microscope[5], la machine à calculer[6] qui ouvrent la voie à une observation d'amplitude inégalée. S'ouvrent alors aux yeux de la communauté scientifique les champs alors inexplorés de l'infiniment petit et de l'infiniment grand. Dès lors, l'instrument apparait comme une « machine à penser », selon la formule d'Enrico Bellone[7]. Mais cette évolution de la machine connaitra une portée inédite dans l'avènement de l'intelligence artificielle puisque de la machine classique à la machine numérique, l'objet passe

---

[1] Tycho Brahé (1546-1601) fut un astronome danois. Il a tenté de produire un modèle d'univers réconciliant les thèses héliocentriques et géocentriques.

[2] Francis Bacon (1561-1626) fut un théoricien anglais considéré comme une figure de proue de l'empirisme moderne.

[3] Blaise Pascal (1623-1662) fut un mathématicien français, inventeur en 1642, de la calculatrice mécanique.

[4] Attribuée à l'opticien italien Giambattista Della Porta, l'avènement de cet instrument remonte à 1586.

[5] Deux traditions contradictoires attribuent à l'opticien hollandais Hans Hanssen et à l'astronome italien Galileo Galilei l'invention du microscope entre 1590 et 1609.

[6] La première machine à calculer introduite auprès du grand public se nomme la Pascaline, en référence au savant français Blaise Pascal.

[7] Enrico Bellone (1938 -2011) fut un philosophe et historien des sciences italien. Il est l'auteur d'une œuvre relative à la physique moderne et contemporaine.

du statut de trait d'union à celui d'interlocuteur. Comment situe-t-on l'avènement de l'intelligence artificielle ?

Situer historiquement la notion d'intelligence artificielle c'est avant tout faire mention d'une école d'été tenue en 1956 au Dartmouth Collège, aux États-Unis, où quatre théoriciens, John McCarthy, Marvin Lee Minsky, Claude Shannon, Herbert Simmon font écho à une problématique en vogue au début des années 50. Cette problématique postule l'éventualité de la construction de machines intelligentes et la mise en relation du système nerveux central avec des constructions artificielles douées de facultés d'imitation plus ou moins réussies de la scène organismique du comportement humain. Mais l'on doit en réalité remonter un peu plus loin dans le temps, soit en 1943, où la mise en œuvre du projet connexionniste s'inaugure, par au moins deux moments : premièrement, l'entrée en scène de J. Mc Culloch et W. Pitts qui, en montrant que des réseaux de neurones simples sont en mesure de réaliser des fonctions logiques et autres fonctions symboliques diverses, en arrivent à la modélisation du neurone biologique. Deuxième jalon significatif dans l'émergence de l'intelligence artificielle : l'intervention du physiologiste américain D. Hebb, qui en 1949 décèle dans l'activité neurologique le moteur du conditionnement chez l'animal. La découverte induit en effet une conséquence sur le rapport de l'animal humain à la connaissance. Le conditionnement étant une fonction nécessaire à la mémorisation des données cognitives, le fait de mettre au jour le rôle des neurones dans une telle activité de stockage des données informatives équivaut à révéler un aspect fondamental du mécanisme cognitif.

Cependant, l'aspect le plus déterminant de l'intervention du physiologiste américain reste sa théorie de la modification des propriétés des connexions entre neurones[1]. D. Hebb révèle, en effet, qu'il y a un rapport d'interaction entre les neurones et les contenus informatifs reçus : le système nerveux influence l'information et pareillement l'information reçue possède la vertu de modifier l'homme dans sa structure la plus profonde.

Mais l'intelligence artificielle sera significativement amorcée quand le mathématicien Alan Turing[2] théorisera, dès le début des années 50, les aptitudes des machines à penser. Cette théorisation formalisée par un test consistera à déterminer, sur un mode évaluatif, si oui ou non une machine est intelligente. Ce test, fondé sur l'imitation, mettra en jeu un individu communiquant à l'aide d'un ordinateur avec des interlocuteurs invisibles, les uns humains, les autres artificiels. L'opérateur humain ayant été incapable de faire la différence entre la machine et un être humain, l'on en conclut que la machine est dotée d'intelligence, c'est-à-dire capable d'une manifestation comportementale identique à celle de l'homme. Mais pourquoi doit-on considérer l'avènement de l'intelligence artificielle comme un lieu de radicalisation de la pacification instaurée en science par la réduction de l'impact du sujet individuel ?

3. La solution numérique comme voie de pacification radicale

Une lecture diachronique du rapport de la science au sujet particulier montre une gradation dans l'action de

[1]Pour Hebb, un conditionnement de type pavlovien, tel que nourrir à des heures fixes un animal, déclenche chez cet animal la sécrétion de salive aux heures sus-indiquées, en l'absence même de tout aliment.

[2] Alan Turing (1912 -1954) est l'auteur d'un article ayant impulsé la fondation de la science informatique.

dissolution des discordes inhérentes au sujet individuel et à son ombre portée l'opinion[3]. La valorisation de l'intersubjectivité comme mode d'accès à une science objective constitue un premier moment de réduction de l'interférence du sujet individuel. La radicalisation d'une telle tendance se manifeste en l'outil numérique, car elle fait écho à l'intersubjectivité qui est, dans ses présupposés, intention d'élaboration d'un sujet générique, c'est-à-dire, d'un sujet transcendant intrinsèquement le particulier, en vue d'approcher, de manière asymptotique, l'horizon de la vérité scientifique. Au moins deux facteurs inclinent à penser l'intelligence artificielle comme forme radicalisée de l'instrumentation en science. Premièrement, le renforcement des fonctions utilitaires traditionnellement dévolues à la machine : expérimentation, mesure, détection. En effet, les fonctions de détection des microbes sont décuplées du microscope mécanique au microscope numérique. De ce point de vue, il existe une radicalisation de la fonction utilitaire. Mais un tel facteur en implique un deuxième qu'est la démultiplication des capacités confirmationnistes de la science.

En améliorant les capacités de ses moyens d'observation et de mesure du réel, la science accroit ses capacités vérificationnistes et confirmationnistes. Or qu'est-ce que vérifier et confirmer sinon que tenter de mettre fin à une dissension idéelle, mettre un terme à une dysharmonie conceptuelle mettant sur pied d'égalité, le vrai et le faux ? Confirmer c'est donc décerner à un fait potentiellement vrai, le laurier assurant sa légitimité et par là apaiser toute velléité de contestation injustifiée de son

[3]Bien que la parole du sens commun procède d'une variété de sujets, elle porte nécessairement l'estampille du sujet individuel, au sens où cette parole ne se réalise pas par un accord rationalisé.

autorité. Une telle démarche, parce qu'habitée d'une démarche pacificatrice, garantit l'argument contre tout trouble qui aurait pu découler d'une absence de légitimation de son statut. Ainsi, la confirmation, en tant qu'acte de légitimation, offre un cadre transcendantal de pacification objectiviste. Cette pacification est objectiviste, car elle procède de l'autorité qu'impose l'objectivité par sa préséance sur les vues subjectives. Elle est transcendantale, car offrant un cadre d'émergence à la pacification objectiviste. En tant que cadre d'émergence, elle est lieu de virtualité et ne pourrait équivaloir à une panacée.

Mais dans une perspective extensionaliste, l'avènement de l'outil numérique pourrait aussi fonder l'idée d'une pacification objectiviste. Le triomphe des réseaux sociaux ouvre à une nouvelle communauté de destin susceptible de battre en brèche la méfiance entre personnes tenues autrefois distantes les unes des autres. L'idée communautariste que suppose celle de réseau confirme, s'il en était encore besoin, l'idée d'un dépassement du sujet singulier en vue de l'accès à une pluralité épanouissante.

Par ailleurs, le champ du numérique, par les réseaux sociaux, constitue un plaidoyer en faveur de l'idéal égalitaire. En effet, de par ce qui passe pour être, au moins sur le plan de la charte graphique un effort d'homologation, l'on note une homogénéisation de la configuration des pages et fonctionnalités offertes aux usagers. Cette standardisation des normes d'utilisation ouvre un cadre égalitaire de nature à fonder l'idée d'une geste pacifiée.

Conclusion

Le sujet individuel, en tant qu'acteur fini, apparait comme dissonance au sein d'une science ayant vocation de postuler pour l'universel. Aussi, la science, qu'elle soit confirmationniste ou conjecturale, travaille-t-elle à sa mise en sourdine, par la valorisation de l'idée d'intersubjectivité[4]. Dès lors, la figure centrale de la science n'est plus le savant, mais la communauté des hommes de science. Or, l'avènement de l'outil numérique, comme lieu d'une manifestation extra-somatique de l'activité cognitive, vient renforcer cette réduction d'impact du sujet individuel par la robotique. De même, par les réseaux sociaux, il promeut un idéal communautariste. Lieu de dépassement d'une dissonance inhérente à la discorde subjectiviste, la pacification, parce qu'elle est objectiviste, ne peut être ramenée à une démarche totalitaire visant à imposer un quelconque ordre à des sujets soumis à la violence. Dans la démarche intersubjective fondant ici la geste pacificatrice se trouve déployée une geste démocratique, susceptible de promouvoir la concorde dans la mise en ordre du sujet individuel ramené à des proportions rationalisées.

La connaissance comme réalité antithétique au déficit de savoir s'offre donc comme le moyen d'endiguer les peurs et les complexes dont se nourrissent pour l'essentiel les menaces, querelles et drames identitaires. Portant sur au moins quatre points, notre réflexion

[4] La quête d'une langue unifiée au sein du positivisme logique et l'idée de discussion théorique au sein du faillibilisme poppérien, en portent le témoignage.

tentera, premièrement d'établir l'état des lieux conceptuel d'une Afrique confrontée à la réalité des transgenres, alors qu'elle semblait déjà, en certains lieux, problématique face à la réalité des albinos et des enfants jumeaux. Le premier axe d'une telle réflexion sur l'identité visera à mettre en relief les éléments de compréhension d'une différence vécue sous le jour du différend, puis engagera une réflexion prospective sur la coexistence harmonieuse, dans une Afrique ouverte à l'humain hybridé.

Le deuxième pan de cette recherche portera sur une tentative de revendication de l'universalité du génome humain comme schème d'unification de la diversité identitaire. Si l'humain, au plan biologique, apparaît unitaire, sous des variantes génétiques mineures, comment tenir pour insubmersibles les différences dont les cristallisations sont si souvent porteuses de déchirements divers ?

Un tel axe débouchera sur un troisième indiquant, à l'aide de données de la génétique, l'origine unique de l'espèce humaine. Si l'argument se trouve opératoire dans le sens d'un dépassement du conflit identitaire à l'échelle mondiale, il conserve de fait une pertinence accrue, dans un contexte africain, moins divers que celui mondial.

L'argumentaire, fondé sur l'interprétation épistémologique de la recherche en génétique, tentera d'indiquer le caractère contingent et fluctuant de la race. Déconstruisant, à l'aide de la science, l'argumentaire d'un essentialisme idéologique, nous nous attacherons à montrer que la race n'est pas un acquis définitif susceptible de fonder un socle identitaire conséquent.

L'enjeu d'une telle approche restera lié à la perspective d'aboutir, en quatrième ressort, à une conception non cristallisée des identités de sorte à s'ouvrir sur une réflexion approfondie et contextualisée, au sujet d'un monde inclusif et égalitaire, tel que Karl Popper en avait esquissé les traits par son concept de société ouverte.

TRAITER LES TROUBLES SOCIAUX PAR ISOMORPHIE INVERSÉE

De Comte à Bachelard, l'isomorphie – comme mise en résonance d'ensembles bijectifs – prend la forme d'un champ de symétrie entre croissance biologique et développement social. Si chez Comte, la loi des trois états relie symboliquement les étapes de la mutation de l'individu aux lignes de l'évolution historique de la société, chez Bachelard, le parallélisme fait sens en une mise en perspective des états graduels de la connaissance et des étapes de la maturation individuelle. De fait, une tradition de mise en miroir de facteurs biologiques et de réalités sociologiques pourrait ouvrir à un certain rapport de correspondance entre le traitement du désordre biologique et la résorption des troubles sociologiques.

Or, bien que supposés superposables au plan phénoménologique, affections malignes et état d'anarchie pourraient donner lieu à une inversion de l'isomorphie, au sens où leurs termes porteraient les germes d'une divergence axiologique. Pourtant, si l'inversion de l'isomorphie ouvre à un réseau de disparités entre éléments posés en miroir, sur la base de quelles analogies pourrait-on fonder l'analyse des affections malignes comme terreau d'un traitement des pathologies sociales ?

L'humanité offre en ce XXIe siècle naissant, le visage d'un champ marqué par la récurrence de troubles. Le malaise sous des formes diverses – guérilla, terrorisme, promiscuité – se révèle en une implacable prégnance. En réaction à un tel état de fait, courants de pensée et approches magico-religieuses tentent de proposer des moyens de juguler le vertige, là où les capacités de la science à offrir des clés holistiques ne sauraient être passées sous silence. Ainsi, suivant une tradition d'isomorphie en sciences, l'analyse et le traitement des troubles sociaux ne pourrait-il pas s'éclairer des acquis de la recherche scientifique par une relecture des données de la thérapeutique des troubles malins ?

1. Du traitement par isomorphie

Parler d'isomorphie c'est évoquer le raisonnement par analogie, une méthode se déployant sur la base d'une mise en évidence de similitudes entre éléments divers en vue de la résolution de problèmes. Ripoll T. et Coulon D. (2001, p. 290) ne semblent pas s'éloigner d'une telle perception quand ils soutiennent que : *« Le raisonnement par analogie consiste à mettre en relation un cas connu (la source) et un nouveau cas, moins bien connu (la cible) afin de faciliter la résolution ou la compréhension de la cible »*. Or, le raisonnement inductif ne prend pas de distance significative avec une telle approche, puisqu'il consiste à appliquer à des cas inconnus, des conclusions tirées à partir de l'observation de cas connus. Les lois ainsi énoncées ne s'appliquent – ni pour le raisonnement par analogie ni pour la logique inductive – sur une base arbitraire. La mise en connexion entre cas connus et cas cible, comme l'ont montré Markman et Gentner (1997) repose sur un encodage successif de la source et de la cible, mais aussi sur ce qu'ils ont appelé le « Mapping » c'est-à-dire la comparaison des deux cas supposés résonants. C'est une telle sélectivité dans le processus de comparaison qu'ils mentionnent lorsqu'ils notent :

> *The experience of comparison is selective: Only certain commonalities are highlighted. We have suggested that a central factor controlling what information is considered in a comparison is systematicity. (L'expérience de la comparaison est sélective : seuls certains points communs sont mis en évidence. Nous avons suggéré qu'un facteur central de contrôle de l'information considérée dans une comparaison est la systématisation.) (Markman et Gentner 1997, p.49)*

Le Dictionnaire Petit Larousse illustré 2016 (Collectif, 2015) définit, pour sa part, l'isomorphie comme *« la relation entre deux structures qui disposent de deux ordres différents dans les faits, mais présentant le même type des aspects combinatoires ».* L'isomorphie est donc, selon la même source, *« la relation qui existe entre deux ensembles en correspondance bijective, c'est-à-dire possédant une loi de composition interne ».* Ainsi perçue, la tradition du traitement des problèmes par isomorphie, en tant que science du raisonnement par analogie fait sens, à la fois ; au sein des sciences pures telles qu'en mathématiques, tout autant qu'en sciences expérimentales et notamment en biologie. En effet, avant de trouver sa pleine manifestation en biologie, par l'expérimentation animale, puis en science cognitive, par la robotique qui modélise le fonctionnement du système nerveux central et conçoit des systèmes artificiels. Mais c'est dans l'expérimentation animale – qui repose sur le fait d'anticiper le comportement humain en prenant pour objet d'observation l'animal – que se trouve l'une des manifestations les plus affirmées d'un traitement par isomorphie, tel que nous l'entendons.

Afin de mettre l'homme à l'abri des risques liés à l'expérimentation, l'animal est ici posé comme objet de substitution. En effet, lorsqu'il vaccine un troupeau de moutons contre le charbon en 1881, Pasteur a bien conscience qu'une telle maladie frappe aussi l'homme. Avant Pasteur, le médecin Anglais Edward Jenner avait déjà, en 1796, inoculé à un jeune garçon de huit ans, du nom de James Phipps du pus prélevé sur la main de Sarah Nelmes, une fermière infectée par la vaccine, ou variole des vaches : l'enfant s'est ainsi révélé immunisé contre la maladie. Le mot *vaccination* vient, du reste, du latin *vacca* qui signifie « vache ».

Dès lors, les résultats acquis d'un tel traitement sur des objets du règne animal sont susceptibles d'avoir l'effet escompté sur l'homme. Il en va de même du neurologue français Charles-Edouard Brown-Séquard qui injecte vers la fin du 19e siècle des extraits testiculaires de chien à des patients atteints de faiblesse sexuelle, ainsi que le rapportent. J. Lefrère et P. Berche, (2010, p. 72) :

Apprenant la possibilité nouvelle de régénérer une sexualité défaillante par l'injection de broyat de testicules d'animaux, des célébrités ne sont pas longues à faire appel aux services de Brown-Sequard. La rumeur publique chuchote qu'Emile Zola vient de solliciter l'inventeur du procédé pour quelques injections de jouvence, afin d'être à la hauteur auprès de la jeune lingère qui a succédé à Mme Zola dans le cœur et dans le lit du romancier.

Suivant cette démarche de traitement par isomorphie, l'animal reste le moyen le plus sûr de tester les médicaments sans mettre l'homme en danger. La palette d'expériences effectuées sur l'animal est ainsi très étendue. Elle part de la vivisection – acte de dissection et d'expérimentation sur des animaux vivants, anesthésiés ou non – à d'autres expériences telles que l'application sur des animaux de laboratoire des produits domestiques : shampooings, lessives, crèmes, parfums, shampooings, etc. L'effet de produits chimiques, tels que l'encre, les lubrifiants, les peintures et les pesticides est aussi évalué, afin d'en inférer l'impact sur l'homme.

Cette pratique qui ne va pas toujours sans susciter des contestations au plan éthique montre ses avantages puisque l'industrie pharmaceutique semble trouver en elle l'occasion de tester l'efficacité de ses produits en mettant l'homme à l'abri d'effets secondaires nuisibles à son état de santé ; bien qu'il faille reconnaître que l'expérimentation animale n'est pas une panacée puisque par exemple, l'aspirine qui est l'un des médicaments les plus utilisés au monde s'avère mortel pour 99 % de toute espèce animale. Découverte avant que l'expérimentation animale n'entre en vigueur, elle n'aurait jamais été mise en vente si sa diffusion avait été subordonnée à son efficacité chez les animaux. A contrario, la morphine, qui calme et endort l'homme, est réputée pour mettre en folle agitation les rats et les chats, alors que la pénicilline s'avère mortelle pour le cochon d'Inde. Pourtant, ces trois animaux sont parmi les plus utilisés en laboratoire. Le traitement par isomorphie n'est donc pas une panacée.

Or, comme pour résorber une part de la crise éthique induite de la maltraitance attachée à l'expérimentation animale, les sciences cognitives, par la bio-informatique, ouvrent à présent, leur champ à un procédé isomorphique, au sens de traitement distancié d'un problème. La bio-informatique qui est un champ de recherche pluridisciplinaire impliquant le travail concerté de mathématiciens, de physiciens, de biologistes, de médecins et d'informaticiens, dans le but de résoudre un problème scientifique posé par la biologie, permet à ce jour de tester l'effet de diverses substances sur des cellules humaines en culture. Mais s'il est acquis que la recherche de solutions à un trouble biologique peut s'effectuer par voie analogique, le parallélisme entre réalités biologiques et faits sociologiques est-il dépourvu de pertinence ? N'est-il pas possible d'opérer un rapport de symétrie entre désordre cellulaire et anarchie sociale ?

2. De la correspondance entre carcinome et anarchie

Postuler l'existence d'un rapport de symétrie entre affections malignes et procédés anarchistes nécessite une clarification des termes constitutifs d'une telle assertion. Ainsi s'impose-t-il d'indiquer que les affections malignes génériquement nommées cancers sont des atteintes marquées par un développement désordonné de cellules. Sans doute faut-il noter que les affections malignes – tumeurs malignes ou encore cancers – sont le fait de cellules anormales à croissance rapide et encline à la généralisation. Si l'organisme émet couramment des cellules anormales, l'on note que le système immunitaire, par un réflexe d'autorégulation de l'organisme, élimine ces agents potentiels de pathologie. Cependant, il peut advenir que l'organisme, pour des raisons non encore entièrement élucidées se montre inapte à venir à bout de l'émission de ces cellules anormales. Le système immunitaire ayant laissé des failles dans le dispositif de l'organisme, se multiplieront les tumeurs malignes essaimant dans l'organisme par voie sanguine ou lymphatique.

Bien que les études visant à déterminer les causes précises de la survenue des cancers se poursuivent, la littérature médicale attribue la cause des cancers à des facteurs hormonaux et épigénétiques. Telle est la position de Fabian Vandermeers, Richard Kettmann et Luc Willems (2008, p.80) :

> *Les cancers étant la seconde cause de décès après les maladies cardiovasculaires dans les pays industrialisés, il est urgent d'établir de nouvelles approches thérapeutiques. Hormis des mutations directes de l'ADN de gènes essentiels, l'expansion d'une cellule cancéreuse est fréquemment associée à des modifications épigénétiques, c'est-à-dire non directement codées par la séquence de l'ADN. Parmi ces modifications épigénétiques, l'acétylation des histones et la méthylation de l'ADN semblent jouer un rôle important. Dans ce contexte, une stratégie thérapeutique actuellement très prometteuse consiste à corriger des erreurs épigénétiques à l'aide de composés modulant l'acétylation des histones et la méthylation de l'ADN utilisés seuls ou en combinaison avec d'autres agents anticancéreux.*

La littérature médicale estime généralement pour sa part que seuls 5 à 10 % des cancers restent liés à des causes génétiques tandis que des facteurs liés au mode de vie, tels que l'alimentation, le tabagisme et les infections sont respectivement cause de cancers dans 35 %, 30 %, et 20 %. D'autres facteurs tels que le stress, les rayons ionisants, la pollution ou l'activité physique insuffisante sont estimés sources de 10 à 25 % des cancers. Toutefois de tels chiffres sont à prendre avec une extrême prudence de l'avis d'autres théoriciens de la recherche relative aux affections malignes. Pour eux, l'on ne pourrait épuiser le champ des causes de cancer dans le seul sens des facteurs comportementaux ou environnementaux. Mais en quoi une prolifération de cellules rejoint-elle une démarche idéelle et scientifique ? Quel fil d'Ariane réunit sous une même ombrelle conceptuelle une pathologie et un état de fait social ? En quoi les affections malignes entrent-elles en résonance avec l'anarchie ?

Nous postulons que quatre traits caractéristiques permettent à l'anarchie et aux affections malignes de convoler en justes noces : l'insubordination, la transgression, l'invasion et la déplanification. Robert Weinberg et Douglas Hanahan (2000, p.57) ont mis en évidence six caractéristiques des affections malignes susceptibles d'être résumées sous les quatre points suivants que sont l'insubordination, la transgression, l'invasion et la déplanification :

> *We suggest that the vast catalog of cancer cell genotypes is a manifestation of six essential alterations in cell physiology that collectively dictate malignant growth : self-sufficiency in growth signals, insensitivity to growth-inhibitory (antigrowth) signals, evasion of programmed cell death (apoptosis), limitless replicative potential, sustained angiogenesis, and tissue invasion and metastasis. Each of these physiologic changes— novel capabilities acquired during tumor development— represents the successful breaching of an anticancer defense mechanism hardwired into cells and tissues. We propose that these six capabilities are shared in common by most and perhaps all types of human tumors. (Nous suggérons que le vaste catalogue des cellules cancéreuses est manifeste sous la forme de six modifications essentielles dans la physiologie cellulaire qui dictent collectivement la croissance maligne : l'autosuffisance dans les signaux de croissance, l'insensibilité aux signaux inhibiteurs de la croissance, l'imperméabilité à la mort cellulaire programmée (apoptose), la capacité illimitée de prolifération, l'angiogenèse soutenue, l'invasion tissulaire et la métastase. Chacun de ces changements physiologiques — nouvelles capacités acquises lors du développement de la tumeur — représente la rupture réussie d'un mécanisme de défense anticancéreux insérée au sein des cellules et des tissus. Nous postulons que ces six capacités sont partagées par la plupart et sans doute par tous les types de tumeurs malignes.*

Nous choisissons de résumer ses six caractéristiques en quatre traits dans la mesure où : l'autosuffisance dans les signaux de croissance et l'insensibilité aux signaux inhibiteurs de la croissance nous semblent relever de l'insubordination, lorsque l'imperméabilité à la mort cellulaire programmée (apoptose) et la capacité illimitée de prolifération, s'apparentent à la transgression. Dans une telle perspective, l'invasion tissulaire et la métastase se révèlent à nous comme relevant de l'invasion, lorsque l'angiogenèse soutenue, en tant que création de vaisseaux nouveaux est déplanification du programme initial de la croissance normale.

Or, ces quatre caractéristiques font écho à la démarche anarchiste, en ceci que dans son acception péjorative, l'anarchie apparait comme un rejet de l'autorité et fait donc chorus avec l'insubordination qui se manifeste dans les carcinomes comme une indépendance vis-à-vis des signaux stimulant la prolifération cellulaire. Alors que les cellules à l'état normal ne se divisent que sur la base d'un stimulus donné, les cellules tumorales se passent volontiers de cet ordre. Si le nombre usuel de divisions cellulaires est limité pour une cellule humaine à 50 à 60 sénescences, les cellules tumorales continuent de se diviser au-delà de ces nombres sans raison connue. Elles possèdent ainsi, un mode de direction insoumis au stimulus conventionnel. Et sont donc par-là dans une dynamique d'insubordination.

Il y a deuxièmement, aussi bien, dans l'« ordre » anarchique que dans le développement tumoral une posture transgressive qui se reçoit au plan social comme le viol des lois communautaires et au plan biologique comme la non-conformité aux normes génétiques. Dans le cas des cancers, la violation de l'apoptose (mort cellulaire programmée, selon un programme génétique établi) en fait foi. Les lois de la génétique veulent, en effet, qu'en cas de stress ou de perturbation ne pouvant être jugulée, une cellule normale, s'élimine elle-même par apoptose. Or, les cellules tumorales ont ceci de propre qu'elles invalident tous les mécanismes d'apoptose, afin de survivre, contre vents et marées. Cette capacité transgressive rend leur développement proche de la démarche anarchiste qui demeure dans ses fondamentaux, refus de « mettre à mort » la volonté individuelle au nom des intérêts de l'ordre général.

Troisièmement, le caractère invasif des cellules cancéreuses les met en résonance avec les postures anarchistes, dont l'une des caractéristiques est de ne point tenir compte des limites, vécues comme matérialisation des absolus. Cela se vérifie dans le caractère invasif des cellules cancéreuses dont l'une des aptitudes est de passer à l'intérieur d'un vaisseau sanguin afin d'atteindre un organe quelconque dans le but d'y générer un autre champ de cellules malignes. Or cette manière de procéder ne va pas sans une quatrième caractéristique qui est la déplanification qui se reçoit comme une démarche tournée vers la subversion de l'ordre, un changement radical de l'usage tenu pour orthodoxe.

La déplanification, dans le cas des cancers, consiste dans le fait de susciter l'angiogenèse qui est le fait pour les cellules tumorales de susciter de nouveaux vaisseaux. Alors qu'à l'état normal, le corps en a un nombre bien déterminé, les cellules tumorales susciteront, pour leurs propres besoins en oxygène, la création de nouveaux vaisseaux, déplanifiant ainsi, les dispositions initiales du corps. Ce type de procédé ne va pas sans évoquer l'installation anarchique des populations au sein de certaines villes. Cette installation va généralement de pair avec un approvisionnement informel en eau et en électricité. L'angiogenèse peut être mise en parallèle avec l'adduction informelle en eau et en électricité qui déplanifie le projet de développement des agglomérations et ainsi constitue un pan déterminant de l'anarchie.

Mais doit-on entendre l'anarchie, sous un sens univoque ? La perception négative de l'anarchie est-elle toujours de mise, comme tendrait à le faire penser sa mise en perspective avec les troubles malins ?

3. De la divergence axiologique à la convergence opératoire

Poser le problème d'une divergence axiologique c'est avant tout référer à une sphère normative au sein de laquelle des éléments apparaissent sous le jour de la diversité. Mais une telle disparité ne se donne pas sous le jour de la recension atone : la disposition des éléments au sein du tableau normatif témoignerait de leur statut, grâce au jeu des représentations tel qu'il fait sens dans le discours d'Émile Durkheim, introduisant au début du XXe siècle l'idée de représentation collective et fixant à la psychologie sociale la tâche d'étudier les représentations sociales. Une telle idée se rapporte aussi à celle de Michel Foucault qui, dans une perspective d'archéologie du savoir, introduit le concept d'épistémè, conception du monde qui rassemble différents paradigmes ou représentations mentales individuelles, relatives à la pratique du monde. À la lumière de ces deux approches, il apparait qu'une réalité, unique, voire identique peut avoir une résonance diverse. Dès lors, si une réalité unique peut être lue sous des angles divers, qu'en est-il de deux termes, certes apparemment convergents, mais distants par leur nature, et pluriels du point de vue de la représentation que s'en font différents groupes sociaux ?

C'est ici que prend sens, pour nous, la notion d'isomorphie inversée, que nous définissons comme la mise en perspective de termes en correspondance apparente au plan opérationnel, mais divergents à l'aune axiologique. Une telle notion implique que deux réalités distinctes soient superposables, dans une perspective phénoménologique, mais distantes, voire opposées quant à la représentation morale que s'en fait une société donnée. Dans le cas spécifique de l'anarchie et des affections malignes, nous parlons d'« isomorphie inversée », car le rapprochement ici, même s'il s'avère concluant au plan pratique, se montre divergent quant à la représentation que se fait le sens commun de ces deux notions. Les tumeurs malignes, en tant que pathologie, sont en effet perçues comme relevant de la sphère de la négativité, comme l'indiquent Benjamin Derbez et Zoé Rollin (2016, p.4) lorsqu'ils soulignent : *« Le cancer est une pathologie chargée de représentations sociales particulièrement négatives, en lien avec des éléments sociohistoriques précis ».* Or, l'anarchie, au sens moral, n'est pas à saisir sous un angle monolithique. Plurivoque, la notion d'anarchie, tout comme celle d'anarchisme du reste, peut être perçue sous un angle ambivalent, ainsi que le note ici Edouard Jourdain (2013, pp.3-4) :

> *L'anarchisme est encore aujourd'hui mal compris, souvent considéré comme une doctrine prônant le désordre et le chaos, où toute vie politique serait impossible. Cette conception essentiellement négative de l'anarchie a une histoire, et ce n'est pas un hasard si elle apparait en même temps*

que la naissance de l'État moderne (...) Le véritable renversement sémantique est cependant effectué par Proudhon dans son premier mémoire sur la propriété, qu'est-ce que la propriété ? dans lequel il affirme que « la société cherche l'ordre dans l'anarchie »

S'il est, en effet, possible de l'entendre sous un aspect négatif, cette perception dépréciative en fait un synonyme du désordre social, de la confusion communautaire. Ce sens courant assimile l'anarchie à l'anomie, au délitement. Or, peut-on épuiser la notion d'anarchie dans la seule acception de la négativité ? Peut-on faire abstraction de la perception et de l'acception qu'en ont des figures telles que Pierre-Joseph Proudhon ou Bakounine pour qui l'anarchie se ressent comme un idéal, un but, un horizon recherché, et un rivage escompté et, par-là, positif ?

Alors qu'une acception répandue semble faire de l'anarchie une équivalente du désordre, du trouble, de la promiscuité et de la confusion, les théoriciens de l'anarchie politique voient en cette notion l'idée suprême de l'ordre social. En réalité, cette valorisation de l'anarchie repose sur l'idée d'une socialisation des moyens de production. L'anarchiste adhère à une certaine idée de l'ordre, mais non pas à celui d'un pouvoir centralisé, mais à celui adossé à un fédéralisme libertaire et une démocratie directe. Pour Proudhon, le fédéralisme libertaire est un système d'organisation dont l'objectif est d'éviter les inconvénients de la centralisation politique et ceux de l'émiettement. Il perçoit la société comme un ensemble vivant, complexe et mouvant, de sorte que les contradictions dont elle est parcourue sont la condition de son existence. Un tel fédéralisme repose sur l'idée que « se distinguer, se définir, c'est être ; de même que se confondre et s'absorber, c'est se perdre ». La démocratie directe, quant à elle, est couramment définie comme un régime politique dans lequel le peuple exerce directement le pouvoir. La participation des citoyens y est capitale. Elle se distingue de la démocratie participative, où le citoyen n'exerce pas, sans médiation, son droit à l'autodétermination.

L'anarchie est donc organisée et structurée : c'est l'ordre sans les fers d'un pouvoir écrasant. Promouvant la liberté individuelle, l'anarchie devient une réalité, positive et espérée.

Tel ne semble pas être le cas des affections malignes, perçues de manière quasi unanime comme un mal, une réalité négative. Dès lors, s'il existe une symétrie entre ces deux réalités sur le plan de la similitude des manifestations, il y a entre eux une distorsion quant à la perception morale que l'on se fait couramment de ces réalités, l'une étant perçue comme un bien et l'autre comme un mal.

L'isomorphie inversée est une notion à la résonance double dont la perception initiale met en relation deux termes caractérisés par un ordre de similitude et la seconde met en perspective des termes apparemment divergents au plan moral. La notion d'inversion n'est donc pas tant à percevoir en termes d'une antinomie logique, mais au sens d'une divergence de représentation faite par le sens commun, au sujet de réalités données.

Dans un tel ordre d'idées, l'anarchie en tant qu'elle est vécue comme idéal et but, entre en discordance avec la tumeur maligne perçue, presque unanimement, comme une réalité négative. Pour les anarchistes, en effet, l'anarchie est précisément l'ordre social idéal, car il permet la socialisation des moyens de production que ne peut permettre l'idée de possessions privées capitalisées, elle suggère celle de possessions individuelles ne garantissant aucun droit de propriété.

Le traitement, par isomorphie, repose alors sur une dialectisation de la négativité du « pôle infamant » en vue d'en répertorier les points de nocivité, qui parce que résorbés, deviennent par induction une somme de potentielle solution, pour le terme cible. Nous disons qu'elle est inversée parce que l'anarchie et les cancers ne sont pas perçus de la même façon, sur le plan des valeurs. Toutefois, pouvons-nous faire l'économie d'un champ de représentations partagées, destiné – de par sa transcendance – à garantir intelligibilité et pertinence au jeu des termes résonants en rendant ainsi possible, par inférence, un traitement des troubles sociaux ?

4. Traitement de la pathologie sociale à la lumière de la thérapeutique biologique

Nous entendons le terme « pathologie sociale » au sens où elle se manifeste par la présence de l'anarchie. C'est du reste une telle acception qu'exprime Marc Deleplace (2000, p.25) lorsqu'il indique :

> *Ce qui importe ici est que la société politique est assimilée à un corps vivant, dont le vieillissement n'a rien à envier à la décrépitude du corps humain, entraînant « la corruption progressive des sentiments et des mœurs » effaçant insensiblement « toute idée de bien public ». L'anarchie est alors perçue comme une maladie du corps social.*

S'il est possible d'établir une corrélation entre affections malignes et désordres sociaux comment tirer bénéfice de l'expérience acquise dans la lutte contre les cancers ? Tout en notant que cette voie de recours analogique n'est pas une panacée, nous postulons l'hypothèse de son caractère opératoire. Bien qu'il puisse se trouver entre des objets mis en résonance par isomorphie une marge de divergence, nous notons que les échecs de la démarche isomorphique, en médecine, quoique déplorables restent toutefois de la sphère de la marginalité. C'est pourquoi, il nous paraît possible de faire droit à l'idée d'un traitement par analogie et ainsi d'interroger du point de vue de leur pertinence, les méthodes caractéristiques du traitement des affections malignes que sont la chirurgie, la chimiothérapie et la radiothérapie. En analysant ces trois types de traitement, nous en mettrons en exergue les modes opératoires susceptibles d'être étendus, par effet de correspondance, à la zone sociale.

4.1. La chirurgie

La chirurgie, sans être l'apanage des méthodes de traitement du cancer, reste l'un des principaux moyens de la lutte contre les tumeurs malignes. À l'analyse de la démarche chirurgicale, trois éléments essentiels apparaissent d'emblée : l'incision, la suture et éventuellement l'ablation. Ces trois composantes sont unies par un fil d'Ariane qui est, en l'état actuel des techniques chirurgicales, l'action directe d'instruments d'intervention sur les parties malades. Cette action de proximité, et de précision apparaît dans l'expression « frappe chirurgicale » qui indique la minutie de l'activité à mener tout autant que la claire détermination du champ sur lequel s'opère une telle action. Pour une « philosophie de l'isomorphie », ces caractères sont pertinents en ce sens où ils peuvent être appliqués à la sphère sociale à l'aune des quatre correspondances sociales suivantes : les agents de l'ordre, comme image des instruments d'intervention chirurgicale, l'incision comme schème de l'avènement, au besoin intrusif, des agents de l'ordre au sein d'une sphère en proie à l'anomie, l'ablation comme indice de l'élimination au moins symbolique des fauteurs irréductibles de désordre et enfin la suture comme métaphore de reconstitution du tissu social. Bien-sûr, une telle approche fonctionne, seulement à condition que l'anarchie soit entendue dans son acception négative et soit donc devenue dans une telle perspective, un mal à résorber et non un idéal à célébrer. Nous noterons toutefois que dans le présent contexte, nous n'entendons pas la « notion d'agent de l'ordre » au seul sens où il est couramment perçu, c'est-à-dire, au sens d'agent de police ou au sens d'agent militaire ou paramilitaire, pour nous la notion d'agent de l'ordre, outre ce sens initial, impliquera ici les enseignants, les écrivains et les artistes au sens où ils font profession d'éducateur, d'agents de transformation positive de la société.

4.2. La chimiothérapie

Outre la chirurgie, la chimiothérapie est un mode de traitement des cancers. Quelles en sont les caractéristiques et lesquelles des composantes sont susceptibles d'éclairer notre lanterne en termes d'une tentative de gestion des troubles sociaux ? Nous noterons que la chimiothérapie anti-cancéreuse se caractérise par l'usage de substances chimiques en vue de cibler les cellules se divisant trop rapidement. Le cancer étant caractérisé par un accroissement anormal et incontrôlé des cellules, il est question par la chimiothérapie de cibler les cellules se divisant trop rapidement et d'agir sur elles, par arrêt des mitoses, qui sont les divisions cellulaires responsables de la démultiplication des cellules cancéreuses. Les substances employées peuvent aboutir à un arrêt de la prolifération des cellules ou à l'apoptose, la mort des cellules. Et puisque la chimiothérapie affecte la division cellulaire, les tumeurs à forte croissance, comme dans le cas des leucémies ou de la maladie de Hodgkin, sont plus sensibles au traitement, dans la mesure où une partie des cellules tumorales effectuent des divisions cellulaires continuelles. L'incidence d'un tel traitement est que d'autres cellules à division rapide, telles les cellules responsables de la pousse des cheveux ou de la régénération de l'épithélium intestinal, ou les cellules sanguines, sont également affectées. Une telle option thérapeutique entraîne les effets secondaires usuels, comme la perte des cheveux, les infections, les anémies et les hémorragies.

Dès lors, prenant leçon du mode opératoire de la chimiothérapie, le concepteur d'une méthode de normalisation de l'ordre social peut analyser la mitose pathogène comme l'attitude consistant à exacerber les différences identitaires par la promotion d'idées et d'attitudes peu propices à la cohésion sociale. La mise en parallèle de la mitose et de la différence identitaire repose ici sur l'idée de division. De même que la mitose s'effectue par division cellulaire, la différence identitaire s'exprime par une rupture du tissu social.

S'il existe une division cellulaire normale, il importe donc de reconnaitre que toute mitose n'est pas nécessairement négative. La division cellulaire devient pathologique dès lors qu'elle est de nature à affecter l'équilibre du corps. De même, toute différence identitaire au sein du corps social n'est pas nécessairement nuisible. Elle devient problématique, dès lors qu'elle menace l'équilibre du corps social, par une prolifération exacerbée de la différence. Ainsi s'avère-t-il nécessaire de sensibiliser les populations en vue de les prémunir contre l'exacerbation des différences qui reste un terreau propice à la guerre et aux conflits de toutes natures.

Mais si la chimiothérapie peut être porteuse de leçons, il en est de même de la radiothérapie qui fait usage de rayons très puissants ayant pour effet d'affecter ou de neutraliser par élimination pure et simple des cellules cancéreuses. Les fortes doses de radiation mènent à l'apoptose. Cette mort des cellules nuisibles s'effectue sans que les régions environnantes du corps ne reçoivent de substances dangereuses.

4.3. La radiothérapie

De la radiothérapie, l'on peut donc retenir qu'elle cible, à l'image de la chimiothérapie, les « fauteurs » du trouble malin, en vue de leur maîtrise ou de leur neutralisation par élimination. Elle use ainsi d'une relative violence, car les radiations dont elle se sert sont élevées. De même dans la sphère sociale, il importe de noter que la violence contrôlée et codifiée, par les normes légales, peut avoir court, dans la mesure où elle est d'intérêt public. La délimitation rigoureuse du champ d'intervention des radiations informe de ce qu'il importe de déterminant avec objectivité les responsabilités, afin d'éviter toute erreur judiciaire, ou tout jugement sommaire. Le rétablissement de l'ordre suppose un diagnostic rigoureux, une définition sérieuse du champ affecté, afin d'y appliquer le traitement conséquent en vue de la guérison totale du corps social.

4.4. La suture

Si le traitement d'une pathologie sociale nécessite parfois un traitement rude, il importe que l'action chirurgicale soit clôturée. Tel est le sens de la suture qui consiste à ramener le corps à son état initial après un l'intervention des instruments de soins. La chirurgie est un moment de crise qui doit prendre fin par la fermeture de la déchirure, au risque d'aboutir, sous l'effet des infections, à un état de pathologie plus complexe que celui ayant nécessité l'intervention. De même au plan social, après l'irruption d'agents de l'ordre, il serait nécessaire de travailler à la cohésion, en ramenant le calme par des actes de conciliation permettant d'inscrire la crise dans la catégorie du passé. Le traitement des troubles sociaux pour être efficace devrait déboucher une démarche conciliatrice.

Conclusion

L'isomorphie entre affections malignes et anarchisme épistémologique se nourrit d'un réseau de similitudes qui peuvent être résumés en quatre lignes forces : L'insubordination, la transgression, l'invasion et la déplanification. Toutefois bien que symétriques ces deux réalités divergent et l'inversion de l'isomorphie se joue ici dans le champ de la disparité axiologique dont se trouve investie la résonance des termes mis en parallèle. Cette méthode de résolution des problèmes fait sens, tant au niveau des sciences pures, qu'au niveau des sciences expérimentales. Qu'il s'agisse de sciences formelles, c'est-à-dire de disciplines telles que les mathématiques ou la logique – reconnues pour construire leur objet sans besoin de référents expérimentaux – ou de sciences se rapportant à des objets donnés dans l'expérience sensible, la mise au jour d'une correspondance entre entités diverses reste une démarche rémanente des sciences.

Appliqué, par isomorphie, à la sphère sociale, le traitement des affections malignes doit toutefois s'éclairer de la conscience que les traitements de choc appliqué aux affections tumorales affaiblissent aussi les malades et parfois précipitent leur fin. Traiter les corps physiques et sociaux sans les désagréger, telle est la profonde exigence éthique devant éclairer la problématique d'une mise en perspective entre affections malignes et désordres sociaux.

POUR UNE ÉTHIQUE « SCOLARISÉE » DE LA GESTION PUBLIQUE

Le champ public francophone, spécifiquement subsaharien, a été marqué du sceau de mesures d'austérité imprimées par les Institutions de Bretton Woods. Si de telles dispositions visaient, à première vue, à rétablir la stabilité d'économies mises à mal par des dysfonctionnements structurels et conjoncturels, elles n'en portaient pas moins l'estampille d'une inclination morale, symbolisée par l'exigence d'une lutte contre la corruption. Or, semblant valoriser la démarche technocratique, au détriment d'une préséance de la moralisation, les programmes d'ajustement structurels ont paru réduire, au sud du Sahara, l'idée d'une résorption de la crise économique à une exigence de nature essentiellement technique.

Une lecture des plans d'austérité déployés permet-elle de fonder la seule réalité technique comme pertinente en vue d'une réelle sortie de crise économique ? Par ailleurs, une intervention paraissant formulée dans l'urgence aurait-elle pu répondre pertinemment à l'exigence de stabilité, et donc de permanence, posée comme l'autre de la crise ? N'y aurait-il pas lieu de repenser le développement économique par-delà des programmes d'urgence de nature conjoncturelle ? Dès lors, un plan d'ajustement axiologique, en tant que stratégie de portée structurelle impliquant le champ éducatif du citoyen africain, ne serait-elle pas à même de fonder une sortie de crise durable, consensuelle et pérenne ?

En nous attachant à discuter quatre hypothèses, sur la base d'un plan critique, nous interrogeons, en premier lieu, les plans d'ajustement structurel, en tant que démarche en proie à la fragilité, eu égard à l'urgence de leurs délais d'élaboration et d'exécution. L'analyse du caractère d'extranéité des mesures de Breton Woods et le questionnement de l'asymétrie des forces en jeu entre finance internationale et économies nationales, sont la double perspective que visite, en second lieu la présente réflexion. Avant de mettre en discussion la quatrième hypothèse posant l'exigence d'un plan d'ajustement axiologique comme exigence éducative, nous nous attachons, en troisième lieu, à critiquer l'idée d'une sortie de crise financière prônant, même implicitement, la primauté de la démarche technocratique sur celle axiologique.

1. Plans d'ajustement structurel : du péché d'urgence

Trains de mesures ordonnancées par les principales puissances occidentales et institutions de Bretton Woods, les plans ou programmes d'ajustement structurels sont des initiatives d'austérité visant à résorber des crises financières jugées aiguës. Caractérisés par la réorientation des dépenses publiques vers l'exportation, la réforme des prix et des marchés financiers, la libéralisation du commerce et plus significativement, par la limitation du rôle de l'État, de tels programmes visent aussi à privilégier l'investissement. Ce train de mesures est, de fait, supposé permettre une intégration des pays visés à l'économie de marché et au monde extérieur, tout en augmentant la croissance et l'efficacité économiques par le développement d'un système d'incitations tournées vers la capacité de la production. Dans son Rapport sur le Commerce et le Développement, partenariat mondial et politique nationale de développement, l'Organisation des Nations Unies (2006, p.43) indique :

« Les politiques d'ajustement donnaient la priorité à la stabilisation macroéconomique, mais aussi à la réduction des interventions de l'État, aux forces du marché et à la concurrence internationale, considérées comme les clés de la croissance ».

Mais pour alléchantes qu'elles s'annonçaient, de telles mesures n'en étaient pas moins des actions consécutives à des crises dont elles portaient, de fait, les stigmates et les alertes. Mesures d'urgence, les programmes d'ajustement structurel sont ainsi marqués des impératifs d'une urgence les inscrivant au cœur d'une crise qu'elles sont appelées à résorber non sans d'éventuels inconforts. La première marque d'urgence de leur déploiement tient au caractère critique de la situation économique ayant nécessité leur irruption dans le champ problématique. De fait, mesure curative, le programme d'ajustement structurel est censé intervenir en vue de mettre fin à un malaise présomptif dont la non-résorption se traduirait par une radicalisation continuelle de la crise. De ce point de vue, si le plan d'ajustement structurel est censé modifier les modalités structurelles de l'économie, en vue de lui redonner sa vitalité, il est aussi avant et après tout, action visant – dans la célérité – à remettre sur les rails un édifice financier menaçant ruine. Au-delà de cette première convocation de la temporalité, s'instaure une autre, sous-jacente : le programme d'ajustement, en tant que train chronologiquement déterminé. Parce que conçu pour être exécuté, dans un ordre temporel prédéterminé, le programme d'ajustement structurel s'accommode difficilement d'attentisme et d'atermoiements susceptibles d'en rendre l'exécution improbable, voire inefficace.

Un bref parcours du cheminement des plans d'ajustement structurel – en tant que corolaires de la crise et de ses alertes – rend manifeste l'idée d'inscription d'une telle pratique dans la sphère de l'urgence. Pour preuve, plus que le sommet de Cancún réunissant en octobre 1981, à l'initiative du président français, François Mitterrand, la Conférence au sommet sur le nouvel ordre économique international, c'est la crise économique, en 1982, qui voit le Mexique suspendre le règlement du service de sa dette extérieure de 80 milliards de dollars. Cette crise pousse, en effet, les institutions économiques internationales à accorder 8 milliards de dollars de prêts dits d'urgence conditionnés contre l'adoption de mesures d'ajustement structurel.

Dans le même élan, ce modèle, en tant que corolaire de la crise, se popularisera sous plusieurs autres versions en gardant invariée la constante selon laquelle le règlement de la crise est soumis à l'urgence en ce qui concerne l'adoption d'un train de mesures d'austérité. Même avant d'opter pour la dénomination de « plan d'ajustement structurel », les programmes internationaux d'austérité économiques seront à l'œuvre sous la forme de ce que l'on a nommé, en octobre 1985, le plan Baker, du nom du secrétaire d'État américain James Baker. À son initiative, en effet, les pays riches décident, sous le signe annonciateur des plans d'ajustement structurel, d'un programme d'allègement des créances publiques bilatérales, pour les pays gravement endettés acceptant de se soumettre à un programme d'ajustement. Si à ce programme succède, en 1986, à l'initiative du Fonds Monétaire International, le plan dit de « facilité d'ajustement structurel » (FAS), en 1987, l'on aura droit au plan dit de « facilité d'ajustement structurel renforcée » (FASR), étendu sur la période prédéterminée de trois ans et supposé fournir des ressources aux États à faible revenu adoptant des programmes de politique économique jugés efficaces.

L'idée d'une obligation temporelle se révèle ainsi dans la lettre et l'esprit des plans d'ajustement structurels au sens où ils se définissent comme des plans d'urgence, mais se donnent aussi comme des lieux de contrainte à court terme, visant un bénéfice à long terme. Du point de vue de certains commentateurs, les institutions de Bretton Woods maintiennent une espèce de pression sur les États soumis à austérité en faisant valoir l'urgence de l'intervention des programmes d'ajustement structurels. Telle est la position de Michel Chossodovsky (1997, p.69-70) lorsqu'il note :

> *(…) Les institutions de Bretton Woods ont également souligné ce que l'on appelle « l'argument contrefactuel » : « la situation est mauvaise, mais elle aurait été bien pire si les mesures d'ajustement structurel n'avaient pas été adoptées. [..] Selon (ces institutions), les « coûts sociaux » doivent être mis en balance avec les « avantages économiques » de la stabilisation macro-économique. La devise du FMI et de la Banque mondiale est « une souffrance à court terme pour un gain à long terme.*
>
> *(…) the Bretton Woods institutions have also underscored the so-called "counterfactual argument": "the situation is bad, but it would have been far worse had the structural adjustment measures not been adopted. [..] According to (these institutions) the "social costs" must be balanced against the "economic benefits" of macro-economic*

stabilization. The IMF-World Bank motto is "short- term pain for long-term gain.

Comme on peut le noter ici, la notion d'urgence, modalité angoissante de la temporalité, s'exerce dans un court terme supposé, et du reste avoué comme étant celui de la « souffrance ». L'inconfort ainsi annoncé ne concerne donc pas seulement le caractère restrictif du train de mesures liées à l'ajustement. Il touche aussi à l'exigence d'une mise en adéquation rapide, au canon des institutions de Bretton Woods. Dès lors, le plan d'ajustement structurel en tant que lieu de la double urgence, s'oppose à la froide quête de résorption qui aurait été susceptible de garantir aux pays en crise un abord plus serein des crises.

Mais à ce premier écueil ne s'ajoute-t-il pas celui d'une extranéité du train des mesures proposées par les plans d'ajustement structurel ?

2. Des écueils d'extranéité et d'asymétrie

Par une sorte de clivage géographique, se dresse une typologie économique des Etats, laquelle les discrimine en pays dits du Nord et pays dits du Sud. Or, par-delà cette référence de portée géographique, se profile l'énonciation d'une classification d'ordre financier, au nom de laquelle, en l'état actuel du monde, les Etats relevant de la zone sud sont estampillés du qualificatif de pauvre et ceux relevant du nord tenu pour riches. Ainsi, les zones géoéconomiques distinguées vivent dans une disparité au moins symbolique, trouvant écho dans un certain écart social, culturel et économique. Or, c'est une telle dissemblance que prétend implicitement dissoudre l'idée des plans d'austérité conçus à l'aune de catégories généralement exogènes aux économies à réformer. Bien que destinés, en effet, aux pays dits du tiers-monde, les plans d'ajustement structurel se révèlent coulés dans le mode idéel, voire idéologique, des puissances occidentales. Une telle position est celle que défend David Woodward (1996, p.28) :

> *Le modèle de la Banque mondiale est très fermement basé sur la vision orthodoxe et néoclassique de l'économie — en particulier sur l'efficacité des marchés libres et des producteurs privés, et sur les avantages du commerce international et de la concurrence.*
> *(The World Bank model is based very firmly on the orthodox neoclassical view of economics – particularly on the efficiency of free markets and private producers, and on the benefits of international trade and competition).*

Cet ancrage dans le libéralisme néoclassique montre clairement la préférence des plans d'ajustement structurel pour une pratique économique fondée sur le commerce libéral. Dans une telle perspective, les économies reposant sur la dynamique nationale sont tenues de s'ouvrir à la concurrence et au libre-échange multinational. Ce devoir d'extraversion auquel se trouvent confrontés les états soumis aux ajustements structurels s'exprime même dans la définition de ces programmes d'urgence. Pour Pamela Sparr (1994, p.1) :

> *(…) le terme « ajustement structurel » (…) fait référence au processus par lequel de nombreux pays en développement réorganisent leur économie pour la rendre plus orientée vers le marché libre. Ils agissent en présupposant que moins d'interaction gouvernementale dans l'économie est préférable. (...) l'ajustement structurel suppose qu'une économie sera plus efficace, saine et productive à long terme si les forces du marché*

fonctionnent, et que les produits et services sont non protégés, subventionnés, fortement réglementés ou produits par le gouvernement. (…) the term 'structural adjustment' (…) refers to the process by which many developing nations are reshaping their economies to be more free market oriented. They are acting upon the premise that less government interaction in the economy is better(…) structural adjustment assumes an economy will be most efficient, healthy and productive in the long run if market forces operate, and products and services are not protected, subsidized, heavily regulated or produced by the government.

Or, une telle mise en sourdine de la présence de l'État, tout en exposant les économies nationales à l'extraversion, repose sur un échange asymétrique. Le train de mesure proposé par les institutions de Breton Woods à travers les plans d'ajustement structurel est, en effet, admis au terme d'échanges se déroulant dans un contexte de forces inégales. Au sein de pays considérés comme gérant les ressources nationales sur une base patrimonialiste, les institutions financières proposent des solutions à la crise qui, bien que généralement contestées par les États pauvres, sont admises au nom de l'asymétrie du rapport des forces en présence. Écartelés entre le besoin de maintenir les mécanismes classiques de leur économie et celui de résorber les crises auxquelles font face leurs finances, les dirigeants africains sont en passe de perdre pied. Pour Médard (1991, pp. 348-349) *« les dirigeants africains (…) scient la branche sur laquelle ils sont assis s'ils suivent de trop près les conseils de la Banque mondiale. Et ils courent le même risque s'ils ne les suivent pas ».*

Écartelés entre le fait de pratiquer leur vie économique selon leurs normes traditionnelles et les exigences de la finance internationale, les États soumis à ajustement structurel prennent la pleine mesure de l'asymétrie à l'œuvre entre leurs forces et celles des systèmes censés résorber les crises frappant les États en détresse financière. Mais la critique de l'ajustement structurel, par l'asymétrie des forces en présence, se manifeste plus radicalement par ce qui semble être une logique d'asphyxie des économies faibles. Guy Gweth évoque un « embargo » auquel auraient été soumis les pays en proie aux ajustements structurels, qui ne représenteraient que la deuxième étape d'une logique d'étranglement des économies des pays du Tiers-monde.

Pour Gweth (2016, p.45) *« Les règles du commerce mondial apparaissent comme le meilleur moyen de maintenir l'industrialisation de l'Afrique sous embargo »* et cette opposition au succès économique des pays africains se manifeste par l'opposition des anciens États colonisateurs à tout processus d'industrialisation des économies des ex-colonies. La deuxième manœuvre de lutte contre cette industrialisation ayant été les plans d'ajustement structurel, pour Gweth (2016, p.47) :

> *La troisième étape est celle des documents de stratégie de réduction de la pauvreté (DSRP) de 2000 à 2010. Devant l'échec dévastateur des programmes d'ajustement structurels et une dette insupportable, les États africains vont recourir à l'initiative PPTE (pays pauvres très endettés) destinée à soulager les pays surendettés porteurs d'un programme détaillé de réduction de la pauvreté. En faisant la part belle au secteur social, les premiers documents de stratégie de réduction de la pauvreté ont malheureusement eu une incidence néfaste sur l'industrialisation du continent.*

Toutefois pour pertinente que paraisse une telle analyse, elle semble pécher par sa tendance à exonérer le laxisme et les postures patrimoniales affaiblissant gravement les structures des économies africaines. Analysant les crises africaines dans les seules perspectives techniques de ses manifestations, une telle vision laisse supposer qu'un simple changement de perspective technique pourrait remettre les économies africaines à flot. Or plus que la simple action de nature technocratique, ne s'impose-t-il pas aux économies africaines de se réformer du point de vue de leur rapport à la morale ?

3. De la primauté de l'ethos sur le technè

Doit-on considérer les crises financières à l'œuvre dans les pays du tiers-monde comme attenant à la seule dimension technique ? Les difficultés économiques frappant de plein fouet les nations dites sous-développées sont-elles le seul ou le principal fait d'un abord mal maitrisé des techniques financières ? Une telle interrogation se pose au regard du nombre croissant de compétences techniques dont sont de plus en plus dotés les pays dits en voie de développement. Assurant la formation économique et financière de nombreux cadres nationaux aussi bien à l'étranger qu'à l'intérieur de leurs territoires respectifs, les États dits sous-développés semblent de plus en plus outillés en ce qui relève de la gestion technique de leurs finances publiques. Or peut-on valablement évoquer la gestion du bien collectif dans l'oubli des normes de probité ? La gestion harmonieuse du denier public n'est-elle pas le produit combiné de la technicité et de la rigueur morale ? Une tradition de gestion indélicate des finances publiques ne ruinerait-telle pas, de fait, tous les bénéfices de l'effort mis en œuvre par l'effort technocratique ? La résolution d'une crise, fût-elle économique, mériterait certes d'être abordée sur le plan de la donne technique et cognitive, mais ce seul abord de la crise paraitrait déficitaire sans une interrogation de l'ethos, au sens de pratiques usuelles, d'habitude. Si cette notion ramène a priori au caractère habituel, à la manière d'être, aux habitudes d'une personne particulière, elle recoupe aussi un aspect collectif mis en exergue par Bernard Fusulier (2011, p.107) lorsqu'il indique :

> *L'ethos peut servir de concept heuristique pour saisir et interpréter des récurrences de comportements rapportées à des catégories sociales et à des milieux sociaux. Il peut porter à la fois sur des niveaux très étendus des sociétés humaines.*

Il existe donc un ethos des groupes humains, révélateur de leurs habitudes et de leurs usages. Loin du cliché ou de la généralisation abusive, l'ethos social s'appuie sur le verdict d'une observation de type scientifique. Or, dans le cas spécifique des nations africaines soumises aux plans d'ajustements structurels, une constance parait se dégager au sujet des habitudes les plus répandues, quant à la gestion du bien commun. Une telle récurrence semble tenir de la conception même que recoupe la notion d'État dans l'imagerie des gouvernants africains. Telle semble, du reste, la position de Zaki Ergas (1991, p.323) lorsqu'il argumente :

> *On peut soutenir d'une façon convaincante que, dans virtuellement tous les pays africains, les relations États société se définissent en premier lieu par le patrimonialisme. Les États africains peuvent varier dans leur idéologie, leur développement économique, leur style et leur leadership (…), mais ils ont tous d'une façon significative un noyau patrimonial.*

Mais que recoupe la notion de gestion patrimoniale du bien public ? En quoi une telle approche peut-elle être nocive à la croissance financière et à la gestion harmonieuse du denier collectif ? Et quels sont ses traits essentiels ? Pour Jean François Médard (1991, 324) :

> *Le patrimonialisme constitue le dénominateur commun de pratiques diverses si caractéristiques de la vie politique africaine, à savoir le népotisme, le clanisme, le « tribalisme », le régionalisme, le clientélisme, le « copinage », le patronage, le « prébendalisme », la corruption, la prédation, le factionnalisme (…) le type idéal de parimonialisme a l'avantage de permettre de subsumer ces diverses pratiques dont certaines se recoupent d'ailleurs largement sur la base de la confusion entre privé et public.*

Dépeint sous le signe de la confusion entre le bien public et privé, le patrimonialisme apparaît aussi sous les traits de la posture oligarchique au sens où il promeut les intérêts de groupes particuliers sur ceux de la collectivité nationale. Il y a dans la démarche patrimoniale une prise de distance avec les lois en vigueur. Un tel refus de conformité avec la législation mène à la posture patrimonialiste. Ce type de pratique semble commun à la majorité des pays subsahariens, comme en dresse ici le tableau Mamoudou Gazibo (2006, p.47) :

> *On parle de l'État, mais ce sont les pratiques prédatrices, la corruption, le clientélisme, le patronage qui sont indexés comme des avatars, mais aussi comme des traits faisant l'unité de la politique africaine. Ces invariants expliquent (…) le caractère évanescent du droit et des institutions, plus formels que réels et submergés par des pratiques qui rendent difficile leur bon fonctionnement.*

Or, peut-on, au regard d'un tel tableau, évoquer le déficit de capacité technique comme cause de la banqueroute des économies africaines ? N'importe-t-il pas, dans de telles conditions, de relire les crises économiques à l'aune des pratiques morales en jeu au sein de la gestion des économies subsahariennes ? Qu'il s'agisse de corruption, de clientélisme et de népotisme, tout le dispositif de prévarication repose sur une démarche de rupture avec la loi, censée protéger le bien commun. Or, comment pourrait-on désigner l'entorse au bien autrement que comme attitude immorale ? La crise dite économique serait donc principalement fondée, non pas sur le déficit des ressources techniques requises à sa résorption, mais sur le défaut d'accord au bien général. C'est dans le rejet de la loi que semble principalement se loger une crise que les institutions de Bretton Woods entendent régler par un train de mesures d'abord technocratiques. Et si ce train de mesures évoque – dans l'un de ses chapitres – la lutte contre la corruption, il semble principalement tourné vers des réformes purement économiques d'un ordre structurel. Ce qui domine le plan dit d'ajustement structurel, c'est la réforme d'un ordre économique que l'on entend ouvrir aux normes commerciales de l'économie mondiale. Pour ce faire, sont mis en mission des agents au passif technocratique vanté. Mais qu'en est-il de la refonte de l'imagerie morale, cadre transcendantal d'une réelle réforme des économies africaines ?

4. Du plan d'ajustement axiologique comme exigence éducative

Faire face, de manière efficace, aux crises financières survenant en Afrique, supposerait certes un abord technique de la situation monétaire et financière des États, mais pourrait obéir, tout au moins également, voire plus fondamentalement, à une prise en compte de la donne éducative. Or, poser la problématique en ces termes reviendrait à énoncer un poncif, si la notion d'éducation n'était pas spécialement évoquée dans sa stricte dimension morale. En effet, réduit à sa seule dimension technocratique, le système éducatif, dans le monde en général, et en Afrique en particulier, perdrait une part importante de sa visée, car manquant d'allier capacités technocratiques à aptitudes morales. Tel semble le propos de François Jacquet-Francillon (1995, p.252) lorsqu'il pose la mission de l'école en termes d'une portée articulant compétences cognitives et éducation à la probité :

> *Dans son projet de moralisation, l'Etat (…) impose à l'école deux sortes de buts apparemment contraires : favoriser tantôt l'autonomie, tantôt l'hétéronomie des individus. Lorsque M. Bréal, en 1872, expose les motifs ordinaires de l'instruction du peuple, il restitue une distinction très voisine entre, d'une part, la volonté d'« égaler la diffusion des lumières à l'extension des droits politiques » (telle est la visée d'autonomie) ; et d'autre part, la volonté de répandre « un respect des lois qui diminue l'armée et l'émeute » (telle est la visée d'hétéronomie). Ainsi se différencient, mais sans forcément s'opposer, soulignons-le, deux traditions.*

L'école, dans une telle perspective, n'est plus perçue comme le lieu d'accession au seul savoir intellectuel, aux seules lumières débouchant sur l'âge d'or industriel. Il y aurait par-delà le seul impératif d'avoir accès au savoir technique, la nécessité d'acquérir une posture de réceptivité, voire de soumission à la normativité de type axiologique. Si l'hétéronomie s'entend comme le fait pour un être de vivre selon des règles qui lui sont extérieures, l'école devient non pas seulement un lieu d'acquisition du savoir-faire, mais aussi, et nécessairement, le lieu d'apprentissage du savoir-vivre au sens moral. Dès lors, de par sa posture hétéronomique l'école a la mission de soustraire l'apprenant aux instincts personnels, de sorte à le hisser à la conformité aux lois morales de la société. C'est sur le terreau d'une telle conviction que semble avoir germé une tradition académique française, entendant allier apprentissage du savoir technique et réception du savoir-être moral. C'est ainsi qu'évoquant la mission que lui assignait François Guizot, alors ministre de l'instruction publique, André Petitat (1999, p.241) souligne :

> *Nul plus que Guizot n'est conscient de l'importance de la scolarisation comme facteur d'ordre et de moralisation publics. Voici un extrait de la circulaire accompagnant la loi adressée aux instituteurs : « Quant à l'éducation morale, c'est en vous surtout, Monsieur, que je me lie. Rien ne peut suppléer en vous la volonté de bien faire. Vous n'ignorez pas qu'en vous confiant un enfant, chaque famille vous demande de lui rendre un honnête homme, et le pays un bon citoyen. Vous le savez : les vertus ne suivent pas toujours les lumières, et les leçons que reçoit l'enfant pourraient lui devenir funestes si elles ne s'adressent qu'à son intelligence. Et le ministre précise sa pensée : l'instituteur doit « affermir ces principes impérissables de morale et de raison sans lesquels l'ordre universel est en péril ».*

Énoncées en ces termes, les missions de l'école semblent reprendre les traits rabelaisiens d'une science sans conscience vouée aux calendes de l'inaptitude, voire de l'antinomie. L'aveu selon lequel les vertus ne suivraient pas immanquablement les Lumières, enjoint à l'agent de l'ordre académique de surclasser la seule nécessité d'apprentissage intellectuel pour puiser dans l'éducation à la vertu de type moral le sens holistique de l'institution scolaire. C'est à ce prix que semble possible une vie citoyenne prémunie contre les banqueroutes diverses. La moralisation de la société – qui semble se ramifier dans tous les domaines de compétences de la vie publique, tels que l'économie – paye un tribut à la formation académique. Et c'est pourquoi la fonction morale de l'école ne doit pas être perdue de vue pour toute société soucieuse de s'affranchir de manière pérenne des crises multiformes. Pour Pierre Fonkoua (2007, p.22),

> *Parler de moralité publique, c'est intégrer une éducation citoyenne, les comportements des individus ou des groupes d'individus dans leurs actions touchant à la morale de la société. Le bon accueil des usagers, la célérité dans le traitement des dossiers, l'assiduité au travail, la ponctualité, le respect du bien public sont autant d'aspects…*

D'un tel point de vue, l'école devient non pas seulement la phase préparatoire à une vie citoyenne harmonieuse, mais la matrice sur la base de laquelle se déploiera la société. Dès lors, comment tenir implicitement les crises économiques frappant les États africains pour des questions d'ordre strictement techniques ? Quel pan de leurs méthodes les plans d'ajustement structurels réservent-ils au système éducatif, comme creuset essentiel de la transformation de la société ? Tels que pratiqués, dans la quasi-totalité des cas, les plans d'ajustement structurel proposent un train de mesures essentiellement économique, oubliant que les crises pourraient être des ombres portées d'une imprégnation insuffisante de la dimension axiologique au sein des systèmes académiques. Il importe de donner un supplément d'âme à la formation à l'éducation civique et morale à laquelle certains systèmes académiques africains se sont ouverts. Une telle formation pour être opératoire devrait s'accompagner, d'une répression plus ferme de la tricherie.

Conclusion

Que soit recherchée une solution technocratique à une crise survenant dans un domaine de compétences particulières, paraît relever de la pure logique. Mais faire droit à cette démarche, sans la relativiser, se révèlerait problématique dès lors qu'elle serait appliquée au champ de la réforme économique en Afrique. Dans un contexte sociopolitique dominé par une gestion patrimoniale de l'État, comment faire principalement reposer la restauration des économies sur le train de mesure que sont la réorientation des dépenses publiques vers l'exportation, la réforme des prix et des marchés financiers, la libéralisation du commerce et l'incitation à l'investissement ? Bien qu'évoquée, la lutte contre la corruption ne paraît qu'anecdotique, au sein d'un train de mesures restant inopérant sans une réforme morale.

C'est d'un tel questionnement que se veut porteuse la présente réflexion, à l'heure où aux plans d'ajustements structurels ont succédé de 2000 à 2010, les documents de stratégie de réduction de la pauvreté (DSRP). L'important endettement des États ayant été soumis aux programmes d'ajustement structurel les a fait recourir à l'initiative PPTE (pays pauvres très endettés) censée remettre à flot les économies, sans que la crise économique ait réellement été jugulée. Un tel constat incline à poser le problème en termes axiologiques en donnant pour mission à l'institution académique le devoir d'élever le futur gestionnaire de denier public à la recherche du bien de la communauté. Telle est l'option méthodologique que nous nommons « Plan d'ajustement axiologique ».

III. Écosophie

LE PRINCIPE PASSIONNEL : POUR UNE ÉCOSOPHIE DE LA SYMÉTRIE

Reprenant à son compte des traits essentiels de l'impératif catégorique kantien, le principe responsabilité, tel que le défend Jonas, prône une moralisation des rapports de l'homme avec son environnement. Or, bien qu'incitant à une certaine conscience écosophique, le principe jonassien se révèle-t-il à même de faire échec aux dérives écologiques liées à l'usage démesuré des technosciences ? À une posture de destruction massive de l'écosystème, doit-on opposer un principe rationnel de sauvegarde de la biosphère ? La quête effrénée de rentabilité ne se reçoit-elle pas, sous un certain rapport, comme une passion aux incidences négatives sur l'environnement ? N'y a-t-il pas lieu, dès lors, d'opposer, selon le mot de Rousseau, la passion à la passion ?

C'est au nom d'une telle exigence que pourrait faire sens un « Principe passionnel » par lequel la lutte contre la destruction de l'écosystème cesserait d'être asymétrique, car portée par une passion préventive, d'intensité proportionnelle à la passion destructrice d'une technoscience vécue sous le jour de la démesure.

Les alertes écologiques – nées d'une surexploitation de l'écosystème – ont, en effet, donné naissance à une littérature de l'alarme, du sein de laquelle perce une profonde angoisse liée à l'avenir de la planète. De Francis Fukuyama évoquant une fin de l'histoire à Stephen Hawking prédisant une imminente extinction de l'espèce humaine se dégage l'évidence d'une nécessité d'actions salvatrices. Or, si d'aucuns recommandent la sérénité face à l'avenir angoissant de la Terre, le philosophe Hans Jonas préconise une prise de conscience fondée sur une peur rationalisée. Posture censée conduire à un agir éthique en faveur de l'environnement, « l'heuristique de la peur » s'affirme comme le moyen par lequel le Principe jonassien enjoint à l'homme d'aujourd'hui de reconnaitre à celui de demain le droit à une vie agréable et épanouie. Mais, bien que soucieux du bien-être présent et futur, le principe responsabilité est-il en mesure de faire face aux récifs d'une irresponsabilité anti écologique, faite de passion marchande et de démesure consumériste ? N'y aurait-il pas lieu d'opposer à la passion destructrice, une ferveur constructive, c'est-à-dire un « principe passionnel » permettant d'opposer à la démesure consumériste une posture à égale intensité émotionnelle de son déploiement ?

1. État des lieux : une dégradation de la démesure

Alors Secrétaire Général des Nations Unies, le diplomate Kofi Annan initiait, en 2000, une enquête aux fins d'évaluer l'état des écosystèmes à l'échelle mondiale. Ces travaux qui requirent plus d'un millier d'experts, de 2001 à 2005, permirent de rendre compte d'une dégradation significative de la biosphère, marquée notamment par la déforestation, la réduction drastique et la fragmentation des milieux naturels, l'intensification excessive de l'usage d'engrais, minéraux et pesticides. À l'occasion, les experts notèrent surtout que durant les cinquante années précédant le XXe siècle, l'homme a affecté les écosystèmes de manière plus accélérée et plus profonde que sur aucune autre période comparable de l'histoire de l'humanité. Cela, essentiellement en vue de faire droit à une demande à croissance rapide en matière de nourriture, d'eau douce, de bois, de fibres et d'énergie. Or qu'il se soit agi de besoin alimentaire ou de quelque autre aspiration énoncée dans la précédente recension, un fil d'Ariane est demeuré : le traitement industriel de la demande, matérialisé par l'exploitation technologique des ressources. Une telle option n'est pas allée sans générer d'importantes nuisances ayant notamment pour nom, contamination par des micropolluants, eutrophisation, acidification de l'environnement, modification des propriétés des sols, intoxication des plantes par l'ozone troposphérique. L'homme s'est donc retrouvé face aux produits démesurés de son pouvoir technologique, lesquels lui instillent désormais autant de peur que lui inspiraient, aux temps pré-technologiques, les éléments de la nature. C'est conscient de l'existence d'un tableau aussi alarmant qu'Hicham Afeissa (2009, p.11) souligne :

> *Nous faisons aujourd'hui face à nos propres produits – je formule par là le caractère révolutionnaire de notre statut technique désormais acquis – exactement comme hier nous faisions face aux forces de la nature, ces forces naturelles démesurées qu'il nous a fallu domestiquer avant de pouvoir les utiliser (…) les forces de nos propres produits ont maintenant atteint une telle démesure que nous sommes contraints de les domestiquer eux.*

Les moyens de production qu'impose, en effet, la compétition marchande sont de nature de plus en plus performante. Mais parallèlement à la compétitivité de ces instruments, se développe une nocivité faisant écho à la démesure des objets de production. Et même s'ils ne sont pas tous d'origine anthropique, parce que pouvant résulter de la végétation elle-même, les facteurs de nocivité sont essentiellement le fait de l'homme. Et presque tous les domaines d'activité professionnelle sont susceptibles d'être incriminés. La vie domestique, elle-même n'est pas en reste. Des activités industrielles au transport routier, en passant par l'agriculture ou l'appareillage domestique, la pollution étend ses tentacules sous forme d'émission de milliers de particules et atteint ainsi les eaux, les sols et les divers écosystèmes. Sur les eaux par exemple, une telle pollution a l'effet de conduire à l'eutrophisation de l'environnement qui résulte du fait que l'apport en azote et en phosphore soit tel que les écosystèmes ne puissent l'absorber. Cela induit un déséquilibre dont l'incidence est manifeste tant sur la flore que sur la faune. Les usines en émettant des gaz à fluor, répandent des nuisances dont les effets sont manifestes sur les bêtes et les plantes. Le caractère toxique des fluorures agit sur les humains, les animaux et la flore. Ingérer des végétaux contaminés par des retombées en fluorures peut être fatal. Par ailleurs, l'on sait désormais que l'exploitation technologique de l'environnement peut détériorer le potentiel reproductif des oiseaux et des mammifères. Ce ne sont donc pas les seuls représentants individuels des espèces qui sont menacées. Ce sont des lignées entières qui se trouvent en joue, dès lors que le système reproductif lui-même en est à subir des nuisances.

Or, si sur les sols et les produits du sol, la menace environnementale plane, elle est aussi à l'œuvre dans les airs. Ainsi, les dommages causés par l'activité humaine sur la couche d'ozone produisent un accroissement des rayons ultraviolets au niveau des sols. Mais sans doute faut-il noter, pour rappel, que les rayons ultraviolets dits UVA pénètrent dans le derme et causent le bronzage immédiat, le vieillissement prématuré de la peau. Ils sont réputés jouer un rôle dans l'apparition de certains cancers de la peau. Les rayons ultraviolets dits UVB ne pénètrent que la couche protectrice de l'épiderme. On leur doit le bronzage à long terme et les coups de soleil, ainsi que la plupart des cancers de la peau. Quand l'on sait qu'une grande part des UVB est absorbée par la couche d'ozone et que seulement 5 % de tels rayons sont censés se répandre sur la surface de la Terre, l'on perçoit aisément le type de menace que fait peser une destruction de la couche d'ozone sur la planète terre.

Les spécialistes sont en effet unanimes pour reconnaître que les rayonnements ultraviolets de type B freinent la croissance de nombreuses espèces et ont un effet négatif même sur des espèces microscopiques. Actifs jusqu'à vingt mètres en dessous de la surface des espaces aquatiques, ce type de rayons, accrus par la détérioration de la couche d'ozone, cause des dommages aux larves de poissons et provoquent, par détérioration de la biomasse, des inconforts pour toutes les espèces non aquatiques.

Et les dommages sont d'autant plus alarmants que la majorité des hommes a tendance à se méprendre sur la réelle nocivité des préjudices. Oubliant que des pratiques de consommation domestiques, et d'apparence anodine, peuvent parfois être des plus destructrices de son environnement et sa santé, l'homme perd parfois le sens des priorités. Focalisant parfois son attention sur des dangers moins nocifs que d'autres, laissés pratiquement pour compte, le sujet subit de plein fouet l'effet de la détérioration de son espace de vie. C'est un tel danger que décrit J.C. Amiard (2011, p.3) lorsqu'il note :

Il existe souvent une grande différence entre le risque réel et le risque perçu par la population. Ainsi il est relativement fréquent que les risques les plus importants soient bien acceptés par la population alors que des risques inexistants, ou pour le moins minimes, soient ressentis comme inacceptables par le citoyen. Par exemple les risques liés au tabac, à l'alcool ou aux accidents de la route sont négligés tandis que la présence de bisphénol A dans les biberons sera considérée comme un risque énorme et les hommes politiques français se sentiront obligés de voter une loi d'interdiction de commercialisation de ce type de produit.

Prenant ainsi l'ombre pour la bête, le sujet laisse l'ogre de la menace écologique gagner du terrain. Cette menace devient alors de jour en jour de plus en plus préoccupante.

Ce qui fait dire à des physiciens tels que Stephen Hawking que la « race humaine » pourrait disparaître à un horizon de 100 ans à 1000 ans. Dans la postface au livre « How to Make a Spaceship » de Julian Guthrie (2016), Hawking évoque le fait que la vie sur terre risque d'être à tout moment balayée par un désastre. La solution proposée par le scientifique est que l'homme se donne les moyens de vivre ailleurs que sur la terre, c'est-à-dire, sur d'autres planètes notamment.

Mais l'extrême fragilité de l'environnement n'est-elle pas, avant tout, la résultante d'une forme de passion destructrice ayant poussé l'humain à hypothéquer son propre espace de vie ? Une sagesse de l'écologie ne doit-elle pas aussi se situer dans un rapport de symétrie avec le niveau d'alerte que fait peser la technologie sur la biosphère ? Y a-t-il une adéquation entre la somme d'efforts investis dans le développement des outils de dégradation de la nature et ceux mis à l'œuvre dans l'effort de sa sauvegarde et de sa pérennité ?

2. De la nécessité d'une écosophie du parallélisme

« La soumission de la nature destinée au bonheur humain a entraîné par la démesure de son succès, qui s'étend maintenant également à la nature de l'homme lui-même, le plus grand défi pour l'être humain que son faire ait jamais entraîné », tel est le constat que fait H. Jonas (1990, p.15). L'énonciation de cet état de fait se double d'une exigence, celle de relever le défi d'une sauvegarde de la biosphère dans un contexte d'avancée technologique inédit. Dans la perspective jonassienne, il existe une inadéquation entre le niveau d'exploitation technoscientifique de la nature et le seuil supportable par une biosphère susceptible de pérennité. La notion de « démesure » qu'évoque ainsi Jonas – au sujet du succès de l'entreprise de soumission de la nature – révèle implicitement un souci de mise en adéquation. Si un fait est dit démesuré au sens où il s'étend au-delà d'un seuil jugé conforme à la norme, l'on pourrait se demander en quoi consisterait la norme de l'agir technologique dans un contexte de conscience écologique ? Le principe d'une praxis éveillée à la pérennité du monde n'est-il pas la ligne au-delà de laquelle l'agir s'inscrirait dans la catégorie de la démesure ? Il y aurait dès lors démesure quand l'action du vivant se développerait non pas seulement en intensité, mais aussi et surtout en insouciance d'une exigence de sauvegarde de la biosphère. Si le projet cartésien d'une soumission de la nature visait à garantir au sujet des conditions de vie épanouies, le constat jonassien d'une crise écologique, implique un abord éthique du rapport aux ressources environnementales.

L'écosophie, comme sagesse dans le rapport de l'homme à l'environnement, apparaît ainsi comme la marque d'une prise de conscience face aux désastres nés de la démesure technicienne. Dû au philosophe norvégien

Arne Næss, le concept d'écosophie résonne d'un renversement de la conception traditionnelle qui plaçait l'homme au centre de toute l'éthique environnementale. Cet anthropocentrisme aux accents judéo-chrétiens se verra relativisé dès lors qu'A. Næss (2009, p.32) fera valoir que *« L'homme ne se situe pas au sommet de la hiérarchie du vivant, mais s'inscrit au contraire dans l'écosphère comme une partie qui s'insère dans le tout »*. Mais bien qu'opposé à un anthropocentrisme écodestructeur, Næss ne se pose pas en antihumaniste. Il tient pour évident l'intérêt qu'il importe de porter à l'homme, bien qu'il faille, selon la deep ecology dont il est le théoricien, poser un regard holiste sur les devoir écologiques. Næss (2009, p.241) souligne ainsi son intérêt pour l'humain en faisant remarquer :

> *Je pense que l'on est tous d'accord pour dire qu'un père qui n'a pas d'autre choix que de tuer le dernier animal de telle ou telle espèce, de détruire le dernier carré de forêt tropicale pour nourrir un bébé qui autrement serait lui-même détruit par la faim, doit tuer ou brûler. Cela ne fait aucun doute.*

C'est dire qu'en cas d'extrême nécessité, l'humain peut être entendu dans sa volonté de faire passer ses besoins en priorité. Dans la perspective de la deep ecology, la préséance humaine n'est pas de l'ordre de l'a priori, puisque l'homme est perçu comme un élément de la totalité environnementale, dont il tire les ressources de sa vie et de sa survie. Mais si la deep ecology constitue une avancée notable dans la conception que se fait l'homme de son rapport éthique à l'environnement, elle demeure une approche philosophique d'une prise relative sur le réel, si l'on s'en tient à la rémanence et la persistance des actes menaçant l'équilibre de la biosphère. La question surgissant d'un tel constat, pourrait dès lors, être « Quel supplément d'âme faut-il à l'éthique environnementale pour qu'elle puisse se hisser à hauteur égale des forces poussant l'homme à détruire son environnement ? ». La nécessité d'une adéquation entre forces destructrices et moyens inhibiteurs devrait annihiler les dérives écologiques et ainsi, assurer à la biosphère une sauvegarde et pérennité. Soucieuse de parallélisme une telle démarche devrait être une écosophie tournée vers l'agir. Mais en quoi consisterait le parallélisme d'action entre écosophie et dérive écologique ?

Deux réalités du domaine social nous paraissent à même de servir de catalyseurs d'une lutte pour la mise à niveau de l'agir écologique : l'art et l'argent.

L'art exerce, à la fois, sur les individus et les communautés, une fascination manifeste. Les scènes d'hystérie collective auxquelles donnent lieu certaines séances d'écoute musicale permettent de noter le pouvoir de mobilisation de ce domaine sur les esprits. Or, soulignons à ce stade de notre propos que nous pourrions ranger à l'enseigne des arts, les sports, dès lors qu'ils se posent comme objet de spectacle. Pour nous, l'exercice physique en tant que pratique liée à la santé personnelle de l'acteur relève du sport. Mais dès lors que la pratique se déplace de la sphère privée vers l'arène de la visibilité que reste la sphère du spectacle, elle rejoint la catégorie des arts comme cimaise corporelle de la beauté. Ainsi posé comme cible de regards en quête de plaisir, le sport se fait artistique et dispose ainsi de tous les moyens classiques prédictibles à l'art, tels que la capacité de fascination et le pouvoir de la cristallisation idolâtrique.

De même que le sport, le gain matériel possède aussi la vertu d'inspirer au sujet plaisir et d'exercer sur lui une forme de magnétisme. Transversal aux activités humaines, l'argent a même tendance, au nom de sa prégnance, à prendre les traits d'une transcendance intersubjective. C'est ce que souligne George Simmel (1987, p.122) lorsqu'il indique que l'argent :

> *fournit au sein de monde pratique la manifestation la plus visible et la réalisation la plus claire de la formule de l'être universel, d'après laquelle donc les choses et les êtres prennent sens les unes au contact des autres et doivent leur être et leur être-ainsi à la réciprocité des rapports dans lesquelles elles se trouvent*

Comme tel, comment passer par pertes et profits l'implication de l'argent dans le processus de sensibilisation à la conscience écologique ? Il importe ainsi de monétariser la lutte pour la défense de l'environnement en faisant matériellement de la monnaie une denrée biodégradable. Si le patrimoine monétaire matériel de l'individu se dégrade à l'aune de la dégradation écologique de son cadre de vie, il prendra alors toute la mesure de l'effectivité de la menace pesant sur sa survie. À l'opposé, si aucune incidence concrète de la dégradation de l'environnement n'est manifeste sur le patrimoine du sujet, il est peu aisé de lui tenir la cartographie de l'ampleur du désastre écologique ambiant. Les arts et les biens monétarisés doivent être mis à contribution dans la conscientisation du sujet à la sauvegarde de l'environnement. Cette double articulation de la démarche constituera le champ de manifestation d'une écosophie du parallélisme au sein de laquelle la passion consumériste recevrait l'écho de posture destructrice et s'en trouverait potentiellement tempérée ou au moins, plus matériellement interpellée. Mais pourquoi faut-il que les passions soient-elles ainsi mises à contribution au service d'une écologisation renforcée ?

3. De la valeur enzymatique de la passion

La logique marchande – alliée objective de l'exploitation technoscientifique de la biosphère – a crée une sorte de passion, manifeste en la quête obsessionnelle du bénéfice pour l'entrepreneur et du salariat pour l'employé. Cette quête passionnelle du gain et de la consommation s'est révélée aliénante et compulsive, malgré la multiplicité des produits générés par une exploitation extensive de la nature. Voie de la fièvre consumériste et de la dépendance au gain, la quête effrénée du salariat a débouché sur une exploitation inédite des ressources naturelles au nom de la logique marchande. Ce qui fait dire à F. Lordon (2006, p.49) que

De tous les facteurs de reconduction des rapports de dépendance salariale, l'aliénation marchande en ses affects caractéristiques est sans doute l'un des plus puissants. Quoique par cantonnement dans un registre très étroit, la prolifération des objets marchands offre au désir une démultiplication sans limites de ses points d'application. Et il faut atteindre le stade de la consommation de masse pour que l'énoncé spinoziste selon lequel *« on n'imagine plus guère aucune espèce de joie qui ne soit accompagnée de l'idée de l'argent comme cause »* reçoive sa pleine dimension. L'habileté suprême du capitalisme, dont l'époque fordienne sous ce rapport aura été décisive, aura donc consisté à susciter, par l'offre élargie de marchandises et la solvabilisation de la demande, ce réagencement de désir par lequel désormais *« l'image (de l'argent) occupe entièrement l'esprit du vulgaire »*.

À une telle quête passionnée de richesses matérielles, un éveil à la conscience écologique ne devrait-elle pas opposer une méthode fondée sur le parallélisme des formes ? Si un monde dominé par la quête effrénée, voire passionnelle du matériel, débouche sur une exploitation abusive de l'environnement, comment ne pas remettre l'inclination passionnelle à contribution, dans le processus de sauvegarde des ressources naturelles ? Or, que la passion paraisse s'opposer à l'action rationnelle peut rendre problématique son évocation dans un contexte de sauvegarde rationalisé de l'environnement. Mais remettre en cause systématiquement sa pertinence reviendrait à faire droit au poncif d'une négativité intrinsèque de l'élan passionnel. Si la passion parait pour Kant, « une maladie de l'âme » résistant à tous les moyens thérapeutiques, elle n'était déjà pas une vertu cardinale à l'échelle du rationalisme platonicien qui situait la raison et la passion dans une hétérogénéité radicale, la première à l'intérieur siégeant dans la tête et la deuxième tenant du ventre. Le stoïcisme, non plus, ne fera gloire à la passion, puisqu'elle se révélera à ses yeux n'être qu'un produit de la perversion de la raison. Comme tel, il importera de s'en tenir éloigné pour agir de manière adéquate. Or, en faisant accueil à la passion, l'idéalisme hégélien en surligne les vertus stimulatrices. Pour Hegel, loin d'être le lieu d'une ruine de l'action rationnelle, la passion peut non seulement produire des œuvres rationnelles, mais elle demeure incontournable dans la réalisation de toutes les productions capitales de l'homme. Toute œuvre mémorable requiert de la passion, au sens où elle cristallise tout l'intérêt de son artisan. C'est ainsi que F. Hegel (2012, p.56) affirme :

> *rien ne s'est fait sans être soutenu par l'intérêt de ceux qui y ont collaboré. Cet intérêt, nous l'appelons passion lorsque, refoulant tous les autres intérêts ou buts, l'individualité entière se projette sur un objectif avec toutes les fibres intérieures de son vouloir et concentre dans ce but ses forces et tous ses besoins. En ce sens, nous devons dire que rien de grand ne s'est accompli dans le monde sans passion.*

À cette approche valorisante de la passion fait écho celle de Rousseau, plaçant l'élan passionnel dans une posture d'ambivalence. Si Rousseau reconnaît implicitement l'incidence négative que peut avoir la passion sur le sujet, il n'en estime pas moins que la passion est la seule à même de posséder l'antidote aux maux qu'elle est susceptible de générer. Mais d'où lui vient cette capacité à produire les actes grandioses auxquels réfère l'idéalisme allemand dont Hegel se donne ici comme un visage indiciel ? La passion ne fonctionne-t-elle pas comme un enzyme, c'est-à-dire comme un amplificateur de l'action humaine ? Une telle allégorie pourrait se recevoir au sens où l'enzyme, protéine fabriquée par l'organisme a pour vertu de rendre possible l'activation ou l'accélération de réactions chimiques. À l'œuvre dans toutes les fonctions métaboliques, les enzymes interviennent notamment au niveau de la digestion dès le stade buccal. Les amylases des glandes salivaires et les différentes enzymes digestives œuvrent à décomposer les grosses molécules en substrats plus réduits ainsi à même d'être incorporés par l'organisme humain. Cet effort de facilitation de l'activité rejoint allégoriquement celui de la passion qui décuple l'endurance et exalte la volonté en consumant les obstacles à la réalisation du métabolisme.

Telle est sans doute la raison pour laquelle J.-J. Rousseau (1964, p. 394) énonce qu »

> *Il n'y a que des âmes de feu qui sachent combattre et vaincre ; tous les grands efforts, toutes les actions sublimes sont leur ouvrage : la froide raison n'a jamais rien fait d'illustre, et l'on ne triomphe des passions qu'en les opposants l'une à l'autre. Quand celle de la vertu vient à s'élever, elle domine seule et tient tout en équilibre. Voilà comment se forme le vrai sage, qui n'est pas plus qu'un autre à l'abri des passions, mais qui seul sait les vaincre par elles-mêmes, comme un pilote fait route par les mauvais vents.*

Le caractère ambivalent par lequel Rousseau dépeint le visage des passions montre qu'il est des passions vertueuses. Celles-ci ont pour objet d'instaurer un rééquilibrage suite aux bouleversements occasionnés par les passions nuisibles. Dès lors, l'écologie en tant que discipline tournée vers la sauvegarde de l'environnement, ne doit-elle pas, par parallélisme, à la passion mercantiliste d'un monde ultralibéral « écolophobe », opposer une passion de la vertu, c'est-à-dire de la conscience et de l'action éthique ?

4. Le principe passionnel : une émotivité éclairée

Comprendre la notion du « principe passionnel » présuppose la clarification d'un autre principe : « Le principe responsabilité », énoncé en 1979, par Hans Jonas au vu d'une extrême vulnérabilité de la nature, induite de l'intervention technique de l'homme. Pour Jonas, la nature de l'agir humain s'est de fait modifié, dès lors que l'homme a acquis un certain seuil de pouvoir sur la nature. Du fait de ses aptitudes techniques destructrices, l'homme doit désormais intégrer au champ de ses responsabilités un nouvel objet qui est précisément la biosphère elle-même. De ce point de vue Hans tranche avec les approches anciennes de l'éthique, car sa vision exige une prise en compte de l'environnement global de la vie en cours, mais aussi celle du vivant à venir. Il y a ainsi, chez Jonas, le devoir d'une reconnaissance de droits tant aux espèces non humaines qu'aux êtres de la postérité. Le principe responsabilité est donc une approche morale à large spectre spatio-temporel, car il s'étend au-delà du seul champ de l'humanité et évite de s'épuiser au sein du seul flux de l'immédiat.

Incorporant et dépassant l'impératif catégorique d'E. Kant (1993, p. 69) qui recommandait : « *Je dois toujours me conduire de telle sorte que je puisse aussi vouloir que ma maxime devienne une loi universelle* », l'impératif jonassien fonctionne comme un principe de précaution au sens où il est tourné vers l'anticipation. Le principe responsabilité dit implicitement que l'homme peut se permettre de risquer sa vie, au nom d'une certaine liberté individuelle, mais ne peut s'arroger le droit de risquer celle de l'humanité et des générations futures. L'homme du futur, bien que non matériellement encore advenu, n'en demeure pas moins constitutif de la conscience morale. Le principe responsabilité enjoint dès lors au sujet de penser, non pas seulement à son semblable, mais aussi à son « probable » : l'homme de demain. En tant qu'être probable, le sujet à venir ne peut être exclu de l'économie des principes guidant l'agir du sujet actuel. Et si la responsabilité exige que l'on ait de l'égard pour l'homme de demain, l'avenir de l'environnement, lui aussi, est au cœur des préoccupations, puisqu'un tel cadre est l'espace transcendantal de la permanence du sujet. De là, la suivante recommandation de H. Jonas (2011, p.40) :

Agis de façon que les effets de ton action soient compatibles avec la Permanence d'une vie authentiquement humaine sur terre » ; ou pour l'exprimer négativement : « Agis de façon que les effets de ton action ne soient pas destructeurs pour la possibilité future d'une telle vie » ; ou simplement : « Ne compromets pas les conditions pour la survie indéfinie de l'humanité sur terre » ; ou encore, formulé de nouveau positivement : « inclus dans ton choix actuel l'intégrité future de l'homme comme objet secondaire de ton vouloir »

Le souci de sauvegarde de la vie humaine et de ses conditions de manifestation demeure au centre des préoccupations du principe jonassien. Or, bien que le principe responsabilité soit relativement proche de l'impératif kantien, il se démarque de lui, par le caractère « collectiviste » dont il tient. Si le principe kantien semble tenir de la sphère intime ou individuelle, la mise en application du principe jonassien se révèle tant de la sphère du privé que du champ politique. Ce que note H. Jonas (2011, p.41) en disant :

Il est manifeste que le nouvel impératif s'adresse beaucoup plus à la politique publique qu'à la conduite privée. L'impératif catégorique de Kant s'adressait à l'individu et son critère était instantané (...) Le nouvel impératif invoque une autre cohérence : non celle de l'acte en accord avec lui-même, mais celle de ses effets ultimes en accord avec la survie de l'activité humaine dans l'avenir.

Mais le principe responsabilité nous paraît insuffisant, adossé à l'heuristique de la peur que Jonas définit non pas comme une peur pathologique, mais une peur de la précaution. La peur jonassienne se veut celle prêtant davantage l'oreille à la prophétie de malheur qu'à celle du bonheur. La peur que revendique Jonas est *« une peur fondée, non la pusillanimité ; peut-être même l'angoisse, mais pas l'anxiété ; et en aucun cas la peur ou l'angoisse pour soi-même ».*

Or, même si elle n'est pas une peur pathologique qui serait de nature à annihiler l'action, la peur jonassienne se doit d'être amplifiée en son aspect heuristique, entendu comme volonté accrue de connaissance et d'action de sauvegarde de la nature. La peur jonassienne fonctionnait déjà comme un moteur de la recherche de solutions adaptées à la sauvegarde de la biosphère. Une telle recherche de solutions et d'action se devrait d'être amplifiée, au regard de l'ardeur et de l'ampleur des destructions affectant la biosphère, chaque jour un peu plus. C'est une telle exigence qui donne lieu, à nos yeux, à l'avènement d'un « principe passionnel » qui loin de s'opposer au principe responsabilité viendrait en renforcer la teneur. Le principe passionnel devrait dès lors être entendu comme une radicalisation de l'appel à la prise de conscience écologique en vue d'un renforcement du point de vue de l'agir. Convoquant l'affect humain en ce qu'il a de plus motivateur, le principe passionnel se donnera comme une émotivité éclairée.

Ainsi, elle n'entendrait pas s'épuiser dans la contemplation atterrée du désastre, et se garderait d'être une réaction inconsidérée contre les dégâts écologiques. Ce principe pourrait être résumé par la formule : *« Agis au mieux de façon que les effets de ton action soient compatibles avec la Permanence d'une vie authentiquement humaine sur terre »* ; ou pour l'exprimer négativement : *« Épuise l'éventail de tes possibles de façon que les effets de ton action ne soient pas destructeurs pour la possibilité future d'une telle vie »* ; ou simplement : *« Attèle-toi au mieux de tes possibilités de sorte à ne pas compromettre les conditions pour la survie indéfinie de l'humanité sur terre » ; ou encore, formulé de nouveau positivement : « inclus dans la totalité de tes choix actuels l'intégrité future de l'homme comme objet secondaire de ton vouloir* ».

Maximisation du principe responsabilité, le principe passionnel adjoindrait à l'heuristique de la peur, la paroxystique de l'ardeur qui consisterait en un renforcement des exigences de l'heuristique de la peur en étant une mise en emphase des nécessités de l'éthique jonassienne, ainsi posées en miroir avec alertes écologiques du monde transhumaniste.

Conclusion

Conscient des profondes alertes pesant sur la biosphère, Hans Jonas a opté pour une responsabilisation accrue de l'humain, en faveur du devenir de la planète. L'heuristique de la peur, outil majeur de son éveil à la conscience écologique paraît cependant, en relatif déphasage avec le niveau de menace sur l'écosystème. Car, en marge des appels à la raison écosophique exprimés sur un mode multiforme, demeure une escalade consumériste exacerbant l'amplitude de l'alerte écologique. Or, manifeste sous le signe de la démesure, une telle menace convoque une amplification de l'appel écosophique susceptible d'adéquation avec le niveau de menaces. Le principe dit passionnel naît ainsi du devoir de mettre fin à l'asymétrie entre niveau de menace écologique et stade de conscientisation écosophique. C'est ainsi que l'heuristique de la peur porté au seuil de la paroxystique de l'ardeur se fait passion préventive capable de tenir en échec la passion consumériste nocive à l'équilibre écologique.

GILBERT HOTTOIS FACE À L'EXIGENCE D'ALTER-RATIONALITÉ

Accroître la productivité des aires agricoles, venir à bout de la maladie, se prémunir contre les catastrophes naturelles, ou même intensifier le confort de vie, sont autant de buts que s'assignent les technosciences, comme ensemble de savoirs et de savoir-faire, par lesquels l'homme tente de réduire les contraintes liées à sa finitude. Mais de telles disciplines n'émergent pas sans impliquer un lot d'interrogations d'ordre moral. La philosophie des technosciences – comme champ normatif questionnant la pratique et les fondements des sciences et des techniques – devient le lieu d'une mise en parallèle de l'agir et du penser éthique, comme chez Gilbert Hottois, où une telle philosophie reste caractérisée par le refus d'une morale héritée des religions traditionnelles ; et la promotion de la laïcité comme voie du progrès technoscientifique. Or radicalisée, l'option du philosophe belge peut devenir problématique, car susceptible d'être lue comme une barrière aux progrès de la connaissance. S'impose alors, d'une part, la nécessité de mettre l'approche de Gilbert Hottois en perspective avec le relativisme ; et d'autre part, l'exigence d'un appel à l'alterationalité, comme lieu de pluralisation féconde de la pensée scientifique.

Il est peu aisé de décrire la philosophie des technosciences chez Gilbert Hottois, sans la révéler sous le jour de l'activité laïque et libertaire. Récusant l'idée d'une subordination des sciences et techniques aux idéologies et s'insurgeant contre le principe d'une clôture du progrès technoscientifique fondée sur les mythes, religions et métaphysiques, la posture de Gilbert Hottois reste – pour l'essentiel – conforme à l'esprit des Lumières. Mais si chez lui, la nécessité d'un refus d'instrumentalisation politique ou religieuse apparait comme un gage d'objectivité des sciences et techniques, comment, avec le philosophe belge, le rejet systématique d'une transcendance verticale, pourrait se muer en une barrière paradoxale au développement de la connaissance ? Comment, par ailleurs, l'idée d'un projet de transcender la finitude humaine par les technosciences peut-elle se révéler problématique ? Enfin, en quoi l'émergence d'une conscience relativiste, voire alterationnelle s'imposerait comme voie d'un progrès de la recherche technoscientifique ?

1. La philosophie des technosciences chez Gilbert Hottois

1.1. Le refus de subordination à la parole symbolique

Gilbert Hottois s'oppose au fait que les sciences et techniques soient soumises à l'ordre politique. Il adopte, du reste, la même position envers tous les systèmes symboliques, qu'ils soient idéologiques ou religieux. Il en est ainsi, parce que la pensée technoscientifique, chez lui, offre une place de choix à la notion de liberté. L'instance symbolique, qu'elle soit politique, religieuse ou de quelque autre ordre, ne peut assujettir les technosciences et leur assigner des buts. Enfermer les technosciences dans les carcans d'un projet politique serait ainsi dangereux, car revenant à utiliser les sciences et la technique en vue de la perpétuation, de la reproduction et de la consolidation d'un pouvoir politique. De là, la mise en garde de Gilbert Hottois : « Rien n'est plus dangereux qu'une utopie socio-politique qui instrumentaliserait complètement sciences et techniques à son service, c'est-à-dire au service de sa perpétuation, extension et reproduction ».

S'appuyant sur Gilbert Simondon, le philosophe belge souligne que le symbolique instaure, par la culture, un règne de fins qui ferme le champ du développement technoscientifique. Toutefois, soutient-il, les sciences et les techniques possèdent un pouvoir d'auto-position qui transcende le règne des fins. Elles sont donc essentiellement libres et ne devraient être soumises à aucune dépendance qui dévoierait leur portée et fausserait leur perspective intrinsèque. Or si Gilbert Hottois voit dans les sciences et les techniques un produit de liberté, il y voit aussi un générateur de liberté. Libres des pesanteurs politiques et religieuses, elles produisent aussi, à leur tour de la liberté, en prolongeant le bras de l'homme et lui facilitant ainsi des tâches du quotidien qui auraient contribué à consacrer sa finitude. C'est cette double articulation de la liberté que Gilbert Hottois évoque au sujet des technosciences lorsqu'il affirme qu'elles « émancipent non seulement par rapport aux servitudes physiques, matérielles grâce à l'invention de techniques : elles émancipent aussi par rapport aux asservissements symboliques, idéologiques, politiques ». Mais l'apologie de l'idéal libertaire chez Gilbert Hottois ne va pas sans une célébration de la laïcité, posée comme champ transcendantal ou au moins caractéristique de l'épanouissement technoscientifique.

1.2. L'éloge de la laïcité

La philosophie des technosciences, telle que l'appréhende Hottois, est une démarche laïque ; une laïcité à entendre comme le refus de subordination au transcendant. La laïcité, ainsi perçue, délocalise le centre axiologique, du champ suprasensible vers celui tangible. C'est en l'homme, saisi dans son élan solidaire, que Hottois recherche les voies d'une victoire sur les infirmités du donné originel. La solidarité entre les hommes joue donc pour lui, un rôle capital, car rendant possible la recomposition du paysage symbolique, par l'évacuation d'un rapport à la transcendance, perçu par lui, comme marque d'impuissance. C'est ainsi que, par opposition à une transcendance, extérieure à l'humanité, il s'agit pour les hommes, selon Hottois : *« de développer progressivement une solidarité mondiale par la focalisation de nouveaux symboles, qui sont des symboles de dépassement de la finitude humaine au moyen des technosciences. Ces symboles de transcendance ont ceci de particulier qu'ils ouvrent sur l'action, l'opération. La transcendance opératoire est dans le temps, immanente et dépendante de la volonté des hommes ; elle n'est pas la transcendance "verticale" purement symbolique, faite d'impuissance entretenue par l'acceptation sublimante de la condition humaine, typique de l'attitude religieuse traditionnelle ».*

Or, au sujet de la laïcité, un tel exposé met en perspective deux types supposés de rapport à l'existence. L'un entretient l'impuissance en s'abandonnant à une condition humaine clôturée. L'autre entend placer l'homme au cœur de son propre destin, en lui livrant les leviers de l'action. Il y ainsi d'une part, la transcendance « purement symbolique » énoncée comme produit de faiblesse et la transcendance dite opératoire, symbole au sein duquel se joue la marche volontariste de l'homme et qui reste à ce titre le lieu de déploiement des sciences et techniques. La philosophie des technosciences chez Gilbert Hottois, dès lors, implique une vision prométhéenne du rapport de l'homme à la nature. L'humain doit aller à la science en s'élevant au-dessus des obstacles et interdits attenants à sa peur. Dans une telle perspective, le philosophe belge promeut une certaine démesure érigée contre les balises de la finitude humaine, précisément appelée à être surmontée. Le symbole prométhéen devient ainsi l'icône d'une victoire sur ce qui apparait comme la mystification de « l'imaginaire » mythique et religieux. La nécessité d'une conformité à Prométhée est d'autant plus valorisée qu'elle semble s'inscrire dans la défense d'une figure martyrisée. Gilbert Hottois souligne à ce sujet : *« Ancien ou moderne – de Prométhée à Frankenstein en passant par la Chute – l'imaginaire mythico-religieux sanctionne tragiquement la démesure négatrice de la finitude de la créature terrestre. La perspective évolutionniste ouverte offrant, par son indéterminisme même, la possibilité croissante d'une intervention (re) constructrice travaillant les données de la nature (y compris la nature humaine) et les enrichissant, perspective qui rend justice à l'immensité du temps et de l'espace cosmique, est ainsi étouffée dans l'œuf de la création »*. C'est donc contre cette espèce d'avortement imposé à l'idéal évolutionniste, qu'il importe de réinventer la geste prométhéenne, c'est-à-dire prendre le feu de la science et de la technique contre le vœu de systèmes symboliques castrateurs et stérilisants. Mais pour volontariste que soit un tel idéal, est-il au-dessus de toute objection ? La valorisation de l'idéal laïc comme lieu monopolistique de la réflexion technoscientifique se déroule-t-elle sans totalitarisme et sans dommage pour la pluralité enrichissante de la science ?

2. Zones d'ombres chez Gilbert Hottois et plaidoyer pour l'alterationalité

2.1. La démésure laïciste

Dans son ouvrage « La philosophie des technosciences » Hottois présente plusieurs approches de l'éthique des technosciences. Mais le choix du philosophe va, avons-nous dit, à celles marquées par la laïcité. Une telle option qui reste conforme à la tradition procédant des Lumières, demeure toutefois problématique dans sa radicalisation, si l'on la met en perspective avec les visions relativistes héritées de l'effondrement du confirmationnisme positiviste. La science classique, en tant que pourvoyeuse de vérité, avait relativisé le règne des absolus religieux, faisant ainsi de la laïcité l'allié logique, voire exclusif de son épanouissement. Mais la quête de la vérité – qui demeure avec celle de la liberté, l'une des plus grandes justifications du triomphe de la laïcité – reste inassouvie depuis l'entrée en scène de l'ère quantique. L'indécidabilité qui prend racine au cœur de la science, conteste la capacité de celle-ci à porter la vérité. L'appel au relativisme de Paul Feyerabend fait ainsi écho aux limites aléthiques de la science. Mais la critique fondant un tel relativisme pourrait bien être étendue à laïcité, comme cadre induit du triomphe de la vérité scientifique. Si la science n'est plus pourvoyeuse de vérité, mais seulement génératrice d'approximations, quel sort réserver au triomphe d'une laïcité fondée en grande partie sur le règne confirmationniste de la science ? Sans mettre entre parenthèses la nécessité d'une société laïque, l'appel au relativisme remet en cause une certaine radicalisation de l'idéal laïciste, mieux implique une alternative à la « laïcité monopolistique », qui du reste, demeurerait de l'ordre du paradoxe ; la laïcité n'étant pas la négation de la religion, mais la diversité de la croyance. Une telle position semble celle de Jorge Ramírez Calzadilla qui affirme que « *Le mot "laïque" se réfère à un domaine à caractère politique, culturel et éthique, et qui se différencie du domaine proprement religieux, sans qu'il y ait contradiction ni exclusion entre les deux. Ce qui est laïc, c'est ce qui est autre par rapport au religieux, ce qui n'est pas fondé sur l'acceptation du surnaturel, sans pour autant le nier nécessairement. Par conséquent, le mot "laïque" n'est pas exactement synonyme de non-croyant, et moins encore d'antireligieux* ».

Or chez Gilbert Hottois la laïcité semble vécue sous le signe de la disqualification de la posture religieuse. L'un des axes de négativation du discours tenu pour symbolique reste le déni d'opérationnalité à un tel mode de parole. Caricaturant vraisemblablement l'idée judéo-chrétienne d'une genèse édénique, le philosophe persifle : *« Allons-nous jardiner, et seulement jardiner, pour les siècles en attendant une fin de l'histoire ou des temps… »* Or le regard judéo-chrétien, par-delà les réductions caricaturales et autres raccourcis convenus, est-il nécessairement antithétique à la recherche et à l'exploitation du monde ? Peut-on réellement tenir pour parole de l'attentisme et de la stérilité technoscientifique un discours faisant de l'homme un être invité à *« cultiver »* la terre, mais, et surtout à la *« garder »* ? Cultiver la terre n'est-elle pas une injonction précisément opposée à l'image de prostration contemplative affublée au rapport du judéo-christianisme à la recherche ? Ce qui nous semble respirer d'un intégrisme laïciste se reflète aussi dans le rejet systématique de la normativité religieuse, comme lieu potentiel de balise de la démarche technoscientifique. Il est clair que la recherche en sciences et technique ne peut être soumise à des dogmes religieux, mais peut-on systématiquement disqualifier une morale d'inspiration religieuse dans l'élaboration d'un discours éthique sur les sciences ? Au fond, le refus systématique d'une clôture d'essence religieuse pose problème, car en contradiction avec l'idée d'une sacralisation de la liberté telle que proclamée chez Gilbert Hottois. Il importe sans doute de faire la différence entre l'action de canalisation et celle de clôture du champ de la recherche. Cette différence ne se situe pas tant au niveau de leur posture empirique que des perspectives téléologique fondant l'une et l'autre de ces démarches. Tandis que la clôture peut être fondée sur l'idée de protection radicale d'une invariance des espèces biologiques et animales, celle de canalisation apparait comme marquée d'une posture dialectique. Le premier fixe des limites de principe à la recherche, la deuxième interroge la pertinence de toute activité de recherche et de modification du donné initial avant toute transformation. Faire de la recherche et du développement des technosciences une activité sans borne revient à entrer en conflit avec l'exigence d'une canalisation de l'activité de recherche. Mais ce refus de clôture qui semble habiter les partisans d'une recherche tout-libertaire se nourrit d'un paradoxe opérant à deux niveaux.

Premièrement, à un niveau tout classique, celui de la définition. Déterminer un champ de recherche qualifié de « recherche et développement en technosciences » présuppose la délimitation d'un champ réflexif au moins clôturé au plan conceptuel. Sans cette balise minimale, cette barrière idéelle, l'activité reste exposée à tous les amalgames. Or l'assurance, la garantie la plus nette que possède un champ idéel contre l'amalgame, la confusion théorique et le charlatanisme reste la définition de son champ conceptuel.

Le refus de clôture, dans une telle perspective, semble habité d'une perspective consubstantielle d'extrapolation qui fausse à la base les termes d'un dialogue avec la théorie. Une démarche scientifique sans clôture, au moins définitionnelle, demeure ouverte sur un champ de querelle indéterminé et de quiproquos indéfini.

Par ailleurs, les recherches et le développement technoscientifique n'engagent-ils que le sort et la destinée des seules personnes adhérant à la vision laïque du monde ? Si les incidences de la recherche affectent la société dans son ensemble, les balises structurant une telle recherche doivent s'imposer au terme d'un procès démocratique. Une telle perception jure avec l'idée d'une laïcité tenant les approches alternatives pour oiseuses, rétrogrades, voire nocives. Au sujet de la philosophie de la technoscience, une autre des zones d'ombres du discours de Gilbert Hottois nous parait liée à son traitement de la question de la finitude.

2.2. L'évidence d'une impossibilité de dépassement de la finitude

Dans son ouvrage « La philosophie des technosciences », Gilbert Hottois évoque la possibilité de développer progressivement une solidarité mondiale par la focalisation de nouveaux symboles « qui sont des symboles de dépassement de la finitude humaine au moyen des technosciences. » Les symboles évoqués ici seraient immanents et différents de ceux de la religion dite traditionnelle, ainsi que le note l'auteur : *« Ces symboles de transcendance ont ceci de particulier qu'ils ouvrent sur l'action, l'opération. La transcendance opératoire est dans le temps, immanente et dépendante de la volonté des hommes ; elle n'est pas la transcendance "verticale" purement symbolique, faite d'impuissance entretenue par l'acceptation sublimante de la condition humaine, typique de l'attitude religieuse traditionnelle »*. Le fait frappant d'un tel projet c'est qu'il ferait des technosciences un moyen de « *dépasser la finitude humaine* ». Or un tel choix se heurte à une évidence : l'impossibilité d'un dépassement de la finitude humaine. Evoqué comme produit de prédiction, l'horizon assigné aux technosciences par Gilbert Hottois est un faux horizon, en ce sens qu'il ne fonctionne pas comme catégorie du futur, mais à la fois comme prédiction, pour le futur le présent et le passé. Bien que le philosophe belge évoque le développement « progressif » d'une solidarité humaine, l'horizon escompté ne porte pas que sur l'avenir. Pour être réalisable, le dépassement de la finitude doit à la fois consacrer l'autorité de l'homme sur son présent, son futur et son passé, une porte inaccessible. Or, dépasser la finitude – parce qu'acte pro-jeté – présuppose une subordination au moins actuelle à la finitude. Même en supposant que le dépassement de la finitude soit envisageable, l'accession à une telle aire/ère ne pourrait advenir qu'à un moment donné de l'histoire. Si notre finitude en plus d'être spatiale, se joue dans le champ de la temporalité, un dépassement de la finitude, pour être conséquent, devrait pouvoir soumettre la temporalité dans sa totalité : présent, futur et passé, l'immortalité, n'étant pas l'éternité. Ainsi, le temps, en tant que révélateur de notre finitude, devrait être entièrement soumis au bon vouloir de l'homme. Or, si nous pouvons rêver de dompter le futur, comment, en revanche, pouvons-nous envisager de dépasser notre subordination au passé. Affirmer l'idée d'un dépassement de la finitude, c'est présupposer la possibilité d'un franchissement, voire d'une liquidation du pouvoir du passé. Le retour vers le passé, dès qu'affranchi de toute connotation métaphorique

apparait relever de la fiction et donc de l'imaginaire. Pourtant, ce recours à un argumentaire, faillible – au sens poppérien – ouvre la voie non pas une radicalisation de la ligne de démarcation entre éléments de l'espace cognitif, mais plutôt à une nécessité d'adoption de la posture alterationnelle. À ce stade, sans doute, nous faut-il préciser que par alterationalité, nous entendons toute forme de manifestation heurtant une quelconque conception orthodoxe de la cohérence. L'alterationalité apparait à cet égard comme la résultante du relativisme intellectuel. Une telle ouverture à la différence se nourrit de l'idée du caractère historiquement évolutif d'un nombre important d'idées et d'expressions tenues pour rationnelles. L'histoire de la science, en tant que scène privilégiée du mouvement de la rationalité le révèle : certains traits de ce qui a été tenu pour rationnel peuvent s'avérer du jour au lendemain, de strictes aberrations, par le jeu implacable des conjectures et des réfutations.

Par son refus d'une subordination des technosciences aux symboles politiques et religieux, Gilbert Hottois vise, sans doute, le renforcement de l'efficience desdites disciplines. Mais un tel souci d'efficacité doit pouvoir lui-même se prémunir contre la critique tacite qu'il postule : le refus de l'instrumentalisation. Or une laïcité méprisante de la différence religieuse devient problématique, car instaurant un champ de recherche fermé, là où le champ de la recherche s'épanouit dans la confrontation des idées, dans l'acceptation de la pluralité comme marque virtuelle de fécondité du champ de la connaissance. Devant une histoire des sciences portant l'estampille de la périssabilité des idées tenues pour rationnelles, sous l'éclairage de la lumière – passant de la conception corpusculaire à celle ondulatoire – l'admission de l'alterationalité se justifie, investie de la conscience que la science n'est pas un ruisseau calme, suivant sa course sans détour. De sorte que, même convaincu de la vérité de ses thèses, toute philosophie et partant, toute philosophie des technosciences, devrait pouvoir faire preuve de prudence dans l'évaluation des systèmes et mode de pensée alternatifs à toute approche de la rationalité posée comme orthodoxe.

RÉFÉRENCES BIBLIOGRAPHIQUES

- ACOT, Pascal, 1999, L'Histoire des sciences, Que sais-je, Paris, PUF.
- ALEXANDRE Laurent, 2011, La mort de la mort, Paris, JC Lattès.
- AMIARD, Jean Claude, 2011, Les risques chimiques environnementaux. Cachan : Lavoisier.
- BACHELARD Gaston, 2013, Le nouvel esprit scientifique, Paris, Puf.
- BACHELARD, Gaston, 1999, La formation de l'esprit scientifique, Paris, Vrin.
- BAKOUNINE Michel, 2008, Dieu et l'Etat, Paris, L'Altiplano.
- BAYARD Jean-Pierre, 2007, Le sens caché des rites mortuaires, Escalquens, Dangles.
- BELLONE, Enrico, 2003, Galilée : le découvreur du monde, Paris, Pour la science.
- BESNIER, Jean-Michel, 2012, Demain les posthumains, Paris, Pluriel.
- BRASSEUL, Jacques, 1993, Introduction à l'économie du développement, Paris, Armand Colin.
- CAZENAVE, Tristan, 2011, Intelligence Artificielle, une approche ludique, Paris, Ellipse.
- CHOSSODOVSKY, Michel, 1997, The Globalization of Poverty – Impacts of IMF and World Bank Reforms, Penang, Third World Network.
- CLAVERIE, Bernard et LEBLANC, Benoît 2013, « Homme augmenté et augmentation de l'humain », L'humain augmenté, Paris, CNRS.
- COHEN, Bernard, 1993, Les origines de la physique moderne, Paris, Seuil.
- COLLECTIF, 2015, Le petit Larousse illustré 2016, Paris, Larousse Édition.
- COMTE, Auguste, 1995, Discours sur l'esprit positif, Paris, Vrin.

- COUDERC, Pierre, 1994, Histoire de l'astronomie, collection "Que sais-je", Paris, PUF.
- D'IRIBARNE Alain, 1998, La compétivité Défi social enjeu éducatif, Presse du CNRS, Paris.
- DASTUR, Françoise, 2003, Heidegger et la question anthropologique, Louvain, Peeters.
- DELEPACE, Marc, 2000, L'anarchie de Mably à Proudhon (1750-1850) : histoire d'une appropriation polémique, Paris, ENS Edition.
- DERBEZ, Benjamin et ROLLIN, Zoé, 2016, Sociologie du cancer, Paris, La découverte.
- DOKIC, Jérôme, 2000, « Philosophie de l'esprit » dans Pascal Engel, Précis de philosophie analytique, Paris, PUF, p.35-62.
- DUHEM, Pierre, 2007, La théorie physique, son objet, sa structure, Paris, Vrin.
- DURIS, Pascal et GOHAU, Gabriel, 1997, Histoire des sciences de la vie, Paris, Nathan.
- FEYERABEND, Paul, 1979, Contre la méthode, Seuil, Paris,
- FONKOUA, Pierre, 2007, Eléments d'éducation à la morale et à la citoyenneté au Cameroun, Yaoundé, Éditions Terroirs.
- FOUCAULT, Michel, 2008, Archéologie du savoir, Paris, Gallimard.
- FUKUYAMA, Francis, 2002, La fin de l'homme, Paris, Gallimard.
- FUSULIER, Bernard, 2011, « Le concept d'ethos », dans Recherches sociologiques et anthropologiques, 42-1 | 2011, 97-109.
- GADAMER, Hans 1998, Philosophie de la santé, Paris, Grasset-Mollat.
- GAZIBO, Mamoudou, 2006, Introduction à la politique africaine, Montréal, Les Presses de l'Université de Montréal.
- GOHAU, Gabriel, 1987, Histoire de la géologie, Paris, La Découverte.
- GWETH, Guy, 2016, 70 Chroniques de guerre économique : 7 ans de veille et d'intelligence stratégique en Afrique, Norderstedt, BoD.

- HANAHAN, Douglas et WEINBERG, Robert A, 2000, « The hallmarks of cancer », Cell, p. 57-70. 100.
- HEBB, Donald, 1949, The Organization of Behavior: A Neuropsychological Theory, New York, Wiley.
- HEGEL, Friedrich, 2012, La raison dans l'Histoire. Paris : Hatier.
- HICHAM, Afeissa, Stéphane, 2009, Qu'est-ce que l'écologie ? Paris : Vrin.
- HOGEWEG, Paulien, 2011, « The Roots of Bioinformatics in Theoretical Biology, Plos Comput Biol. 7(3): e1002021. https://doi.org/10.1371/journal.pcbi.1002021.
- HOTTOIS, Gilbert, 1990, Le paradigme bioéthique, une éthique pour la technoscience, Bruxelles, ERPl Science
- HOTTOIS, Gilbert, 1993, Aux fondements d'une éthique contemporaine, Paris, Vrin.
- HOTTOIS Gilbert, 1997, La philosophie des technosciences », textes rassemblés par Lazare M. Poamé, PUCI, Abidjan.
- JACQUET-FRANCILLON, François, 1995, Naissance de l'école du peuple 1815-19870, Paris, Les éditions de l'atelier.
- JEAN PAUL II, 1998, Foi et Raison, Paris, Cerf.
- JENNER, Edward, 1996, Vaccination Against Smallpox, New-York, Prometheus Books.
- JONAS, Hans, 1990, Le Principe Responsabilité. Paris : Champ Flammarion.
- JOURDAIN, Edouard, 2013, L'anarchisme, Paris, La découverte.
- KANON, Bra, Denis, 1985, Développement ou appauvrissement, Paris, Economica.
- KANT, Emmanuel, 1993, Fondements de la métaphysique des mœurs. Paris : LGF.
- KOYRE, Alexandre, 1988, Du monde clos à l'univers infini, Paris, Gallimard.
- KUHN, Thomas, 1972, La structure des révolutions scientifiques, Paris, Flammarion.
- KUHN, Thomas, 1977, La révolution copernicienne, Paris, Flammarion.

- LAFONTAINE, Céline, 2008, La société post-mortelle, Seuil, Paris.
- LATOUCHE, Serge, 2004, Survivre au développement, Mille et une nuit, Paris.
- LEFRERE, Jean-Jacques et BERCHE, Patrick., 2010, « La thérapeutique du Docteur Brown-Séquard », Annales d'endocrinologie, 71, p. 69-75. 2.
- LORDON, Frédéric, 2006, L'intérêt souverain. Essai d'anthropologie économique spinoziste. Paris : La Découverte.
- MADDOX, John, 2000, Ce qu'il reste à découvrir, Paris, Bayard.
- MARKMAN, Arthur et GENTNER, Dedre, 1997, « Structure Mapping in Analogy and Similarity », American Psychologist, p. 45-56. 52.
- Mc CARTHY, John, 1977, epistemogical problems of artificial intelligence, dans *proceedings of Fifth international Joint conferne on Articial Intelligence (IJCAI-77)* pp 1038-1044. Morgan Kaufmann Publishers. Reprinted in Brachman and Levesque, 1985.
- MEDARD, Jean François, 1991, États d'Afrique noire. Formation, mécanismes et crise, Paris, Karthala.
- MINSKY, Marvin, Lee, 1988, La société de l'esprit, Paris, Intereditions.
- MORIN, Edgar, 1970, L'homme et la mort, Paris, Seuil.
- MORIN, Edgar, 1988, Science avec conscience, Paris, Fayard.
- MORRANNIER, Jeanne, 1983, Après cette vie, on nous parle depuis l'autre monde, Paris, éditions Fernand Lanore.
- NÆSS, Arne, 2009, Écologie, communauté et style de vie. Paris : Editions MF.
- NÆSS, Arne, 2009, Vers l'écologie profonde, Paris, Wildproject..
- NAGEL, Thomas, 1987, *Quel effet cela fait d'être une chauve-souris ?* dans D. Hofstadter et D. Dennett, Vues de l'esprit : fantaisies et réflexions sur l'être et l'âme, InterÉditions, Paris, p. 391-403.
- NDOYE, Badou, 2004, *Philosophie et sciences : le point de vue de l'histoire,* dans Ethiopiques n°72.Littérature, philosophie, art.
- NKRUMAH, Kwame, 1994, L'Afrique doit s'unir, Présence africaine, Paris.
- ORGANISATION DES NATIONS UNIES, 2006, Rapport sur le Commerce et le Développement, partenariat mondial et

politique nationale de développement, l'organisation des Nations unies, New-York et Genève, United nations publications.

- OST, François, 2003, *La Nature hors la loi*, Paris, La Découverte.
- OTTO, Rudolf, 1949, Le Sacré, l'élément non-rationnel dans l'idée du Divin et sa relation avec le rationnel. Paris, Payot.
- Paris, PUF.
- PARROCHIA, Daniel, 1998, Les grandes révolutions scientifiques du XXe siècle, Paris, PUF.
- PETITAT, André, 1999, Production de l'école, production de la société: analyse socio-historique dequelques moments décisifs de l'évolution scolaire en Occident, Paris, Droz.
- POPPER Karl, 1985, Conjectures et Réfutations, La croissance du savoir scientifique. Paris, Payot.
- POPPER Karl, 1989, La logique de la découverte scientifique, Paris, Payot.
- POPPER Karl, 2001, La connaissance objective, Paris, Seuil.
- POPU, Hélène, 2005, « Le respect des dernières volontés : de l'organisation des funérailles à la cryogénisation », Defrénois, tome II, p. 1770-1786.
- PROUDHON, Pierre-Joseph, 2015, Idée générale de la Révolution au dix-neuvième siècle, Crissier, FB Editions.
- PROUDHON, Pierre-Joseph, Principe fédératif, 2004, Paris, Romillat.
- RAYMOND, Pierre, 1975, L'histoire et les sciences, Paris, Maspero.
- RIPOLL, Thierry et COULON, David, 2001, *Le raisonnement par analogie : une analyse descriptive et critique des modèles du mapping* , L'année psychologique, 101, p. 289-323. 2.
- ROSMORDUC, Jean, 1985, Une histoire de la physique et de la chimie, Paris, coll. Points Sciences, Seuil.
- ROSMORDUC, Jean, 1996, L'histoire des sciences, Paris, CNDP-Hachette.
- ROUSSEAU, Jean-Jacques, 1964, La Nouvelle Héloïse. in Œuvres complètes, II, Paris : Gallimard.
- SARTENAER, Olivier, 2013, « La vie dans la matière. Repenser la controverse entre vitalisme et matérialisme », dans Klesis, 25, p.37-50.

- SIMMEL, Georges, 1987, Philosophie de l'argent. Paris : PUF.
- SPARR, Pamela, 1994, « What is Structural Adjustment ? », dans Women's Lives, Feminist Critiques of Structural Adjustment, London et New Jersey Zed Books Ltd. Technoscience, Bruxelles, de Boeck.
- THOMAS, Frédéric, 2017, Santé, médecine et sciences de l'évolution : une introduction, Marseille, Solal.
- TURING, Alan, 1995, La machine de Turing, Paris, Seuil.
- VANDERMEERS, Fabian, KETTMANN, Richard et WILLEMS, Luc, 2008 « Implication des modifications épigénétiques dans les cancers : développement de nouvelles approches thérapeutiques », Biotechnologie, Agronomie, Société et Environnement/Biotechnology, Agronomy, Society and Environment, p. 211-218.12.
- VERDET, Jean-Pierre, 1990, Une histoire de l'astronomie, Paris, Points sciences, Seuil.
- WOODWARD, David, 1996, « Effects of globalization and liberalization on poverty: concepts and issues », dans Globalization and Liberalization: Effects of International Economic Relations on Poverty, New York, United Nations publication.
- YAPI, Ignace, Ayenon, 2015, Approches du vivant, études d'épistémologie biologique, Paris, L'harmattan.
- ZAKI, Ergas, 1991, « L'Etat néopatrimonial en Afrique noire », dans États d'Afrique noire. Formation, mécanismes et crise, Dir. MEDARD Jean François, Paris, Karthala.

Table

II. INTERSUBJECTIVITÉ

III. ÉCOSOPHIE

Structures éditoriales du groupe L'Harmattan

L'Harmattan Italie
Via degli Artisti, 15
10124 Torino
harmattan.italia@gmail.com

L'Harmattan Hongrie
Kossuth l. u. 14-16.
1053 Budapest
harmattan@harmattan.hu

L'Harmattan Sénégal
10 VDN en face Mermoz
BP 45034 Dakar-Fann
senharmattan@gmail.com

L'Harmattan Cameroun
TSINGA/FECAFOOT
BP 11486 Yaoundé
inkoukam@gmail.com

L'Harmattan Burkina Faso
Achille Somé – tengnule@hotmail.fr

L'Harmattan Guinée
Almamya, rue KA 028 OKB Agency
BP 3470 Conakry
harmattanguinee@yahoo.fr

L'Harmattan RDC
185, avenue Nyangwe
Commune de Lingwala – Kinshasa
matangilamusadila@yahoo.fr

L'Harmattan Congo
67, boulevard Denis-Sassou-N'Guesso
BP 2874 Brazzaville
harmattan.congo@yahoo.fr

L'Harmattan Mali
Sirakoro-Meguetana V31
Bamako
syllaka@yahoo.fr

L'Harmattan Togo
Djidjole – Lomé
Maison Amela
face EPP BATOME
ddamela@aol.com

L'Harmattan Côte d'Ivoire
Résidence Karl – Cité des Arts
Abidjan-Cocody
03 BP 1588 Abidjan
espace_harmattan.ci@hotmail.fr

L'Harmattan Algérie
22, rue Moulay-Mohamed
31000 Oran
info2@harmattan-algerie.com

L'Harmattan Maroc
5, rue Ferrane-Kouicha, Talaâ-Elkbira
Chrableyine, Fès-Médine
30000 Fès
harmattan.maroc@gmail.com

Nos librairies en France

Librairie internationale
16, rue des Écoles – 75005 Paris
librairie.internationale@harmattan.fr
01 40 46 79 11
www.librairieharmattan.com

Librairie l'Espace Harmattan
21 bis, rue des Écoles – 75005 Paris
librairie.espace@harmattan.fr
01 43 29 49 42

Lib. sciences humaines & histoire
21, rue des Écoles – 75005 Paris
librairie.sh@harmattan.fr
01 46 34 13 71
www.librairieharmattansh.com

Lib. Méditerranée & Moyen-Orient
7, rue des Carmes – 75005 Paris
librairie.mediterranee@harmattan.fr
01 43 29 71 15

Librairie Le Lucernaire
53, rue Notre-Dame-des-Champs – 75006 Paris
librairie@lucernaire.fr
01 42 22 67 13

www.ingramcontent.com/pod-product-compliance
Lightning Source LLC
LaVergne TN
LVHW010949051026
849532LV00003B/1190